HOW TO GROW
SUCCULENTS

瘋多肉！

跟著多肉玩家
學組盆

Ron(劉倉印)、小宇(吳孟宇) ——著

作者序

　　近年來多肉植物相當受到國人喜愛，使得在市場上種類愈來愈多，各品種的能見度也相對提高，在取得容易、種類多樣等條件下，很多人因而從喜歡收集品種，進而開始踏入嘗試加入個人想法及創意的盆栽組合領域，這風潮可說是把多肉植物往上推到了極致，也讓大眾趨之若鶩，紛紛投入多肉的世界。

　　在眾多多肉當中，又以景天科石蓮這類廣受喜愛，究其原因，主要與個人喜好有很大關聯。景天科多肉的特性是沒有刺、顏色豐富多變、外形有如美麗的花朵，有別於其他觀葉植物的幾何型態，使得它在組合上操作方便，完成的作品更是獨樹一格，甚至在價格上也較為親民，因此讓人由衷喜愛，成為組合盆栽素材的首選。

　　從開始玩多肉迄今已超過十個年頭，一開始的品系很少且價格高昂，要是遇到沒見過的品種，就會瘋狂地想要收集擁有，或許是對於新品種不熟識，因此造成在手上消失的多肉數量為數不少，但這也讓我從中學到經驗，之後對它們越來越熟稔，也就開始玩起了多肉組合，加上那時日本 NHK 所發行的雜誌《趣味的園藝》一書中好幾期都有多肉的介紹，並收錄多肉的組合，瞬間讓我眼睛睜大好幾倍，馬上就被其獨具一格且具特色的作品所吸引，其中又以「柳生真吾」的作品所帶給我的震撼度最大，因而啟發了多肉組合盆栽的摸索之路。也因為所處環境的關係，如何運用簡單的方式，以快速、方便的技巧完成一件作品，便成為我所要追求的目標，這也是為何各位讀者可在書中看到我如何以簡單又快速的方式組合作品之原因。

一般來說，喜歡多肉的朋友大致可分為兩種類型，一種是玩品系，這類的朋友當然是以收集品系以及多肉繁殖為出發點，能把單一品種栽植的又美又肥大，子孫滿堂，是他們挑戰的重點，進而從中獲得自己想要的樂趣，玩到極致後，接著而來的就是育種。至於另一類朋友，其重心就著重在玩組合。在了解植物特性、生長習性、繁殖要領後，運用這些特性加上一些技巧，把不同形態、顏色的多肉做合植，設計成可融入生活空間、居家環境、庭園的作品，亦或是設計成餽贈的精美禮品，總之能巧妙地跟生活做連結，進而增加生活品質、調養性情，就是這群喜愛玩組合朋友的目標。

　　書是最能傳達學識技能的利器，會撰寫這本書，主要是想將多年來的經驗、對多肉的認識、對植物的態度，以及我的組合方法，一步步地帶領有興趣接觸這領域的朋友們進入多肉的異想王國，期望大家能夠以輕鬆無負擔的方式玩多肉組合。本人才疏學淺，雖說有多肉組合課程的教授經驗，但面對浩瀚的植物知識領域還是力有未逮，也歡迎各位不吝指正，希望藉由此書能與朋友們分享種植植物的樂趣，並傳達一些對待植物的正確態度。

初愛上多肉的原因是，上網搜尋要如何照顧家中原本就有的少數幾盆多肉，卻在網路上看見更多各式各樣、有特色又可愛的多肉植物，讓原本沒有特別喜愛多肉的我瞬間就迷上了它們，也從此開啟瘋狂愛上多肉的生活。

愛上它們之後，我開始四處購買、搜尋和蒐集多肉，原本每周末都會到園藝店逛逛的習慣，變成一有時間就往園藝店跑，只為了看看店家種的肉肉、也想看看有沒有「新貨色」可以購買。瘋狂的行徑並沒有就此打住，後來除了固定會逛的園藝店外也開始四處拜訪，享受在各個地方挖寶的樂趣，常常因為買到新品種或發現夢寐以求的品種而高興的不得了。

剛認識 Ron 老師的時候雖然彼此很陌生，但因為都同樣喜愛多肉植物，所以在話題投機的情況下很快就變得熟識，之後很幸運的能夠跟老師學習各種多肉組合技巧。開始學習多肉組合後，對多肉植物的喜愛變得更加熱烈，不再是單純的栽培或蒐集品種，而是透過多肉組合去「玩」植物。

玩多肉組合又造就了另一種瘋狂，把看到的各種器物都拿來嘗試做組合用，也不斷的在腦海中構思各種組合作品，有了構想後便開始尋找材料，甚至是自己動手做。玩組合的過程中充滿各種樂趣，有時候也會因為作品花費很多心力而失去耐心，這時候就讓自己放鬆一下再繼續，最後作品完成時則有種說不出的成就與喜悅感，也因此看見更多樣的多肉之美。而在玩組合的過程如果跟三五好友一

起打屁聊天也是種充滿歡樂的趣味；若獨自一人則可以享受這靜謐的時刻，但無論是什麼形式，玩多肉組合不但可以陶冶身心也能讓總是忙碌的現代人有個放鬆的機會，達到療癒心靈的作用。

　　本書多肉圖鑑的部分由我撰寫，愛上多肉的人不論是栽培亦或玩組合，辨別出各種多肉是很重要的，瞭解各品種、科屬之間的生長特性更是不可或缺的一環。在挑選組合作品所使用的多肉或組合時各品種間的安排等，如果對於各品種特性能熟悉的掌握，就能夠做出最適當的配置。圖鑑的部分挑選了目前市場上較常見的品種做介紹，圖鑑除了簡述各品種的特色外，也將各品種的生長性狀、大小與繁殖方式列出。繁殖的部分，其實每種多肉都有一種以上的繁殖方法，但圖鑑列出的是最普遍被使用或較容易執行的方式。多肉的栽培會因為方式、環境的差異而表現出不同的樣子，所以圖鑑主要是提供栽培時的一種參考。栽培多肉的過程也是不斷的學習，藉由此書與各位分享我的經驗，同時也歡迎各位賢達給予指教。各位肉迷，一起開心玩多肉吧！

Contents

CHAPTER 1
認識可愛的多肉植物

CHAPTER 2
28 款不藏私的多肉盆栽組合技巧

CHAPTER 3
280 款超人氣多肉品種圖鑑

CHAPTER 1

認識可愛的 多肉植物

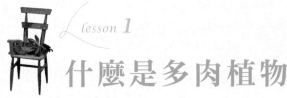

什麼是多肉植物

「多肉植物」是一個統稱，顧名思義，是一種肉質多的植物。在我們居住的地球上，因地形、氣候、緯度等因素造就了很多不同的環境，在雨量少、日照強、日夜溫差大、土壤貧瘠的惡劣環境，像是沙漠邊緣、海濱以及山坡岩石破碎帶、山區等，植物為了適應這樣的環境，而把自身的根、莖、葉特別演化成可以儲存水分的膨大肉質器官，我們便稱之為「多肉」。

很多人對多肉與仙人掌的第一印象是，沙漠植物、喜歡熱、乾燥的環境，所以一般人多會以為多肉、仙人掌是喜歡夏天的植物，但事實上卻非全是如此。沙漠的日溫雖然有時高到攝氏

40～50度，但夜溫或許會降到只有攝氏個位數的溫度，這樣的夜溫讓歷經高溫煎熬的植物在夜晚有了喘息的機會，得以生長。而喜歡多肉的朋友，亦常會聽到有冬生型、夏生型、春秋生型，這指的是植物在原生環境下，生長旺盛的季節。

冬生型：夏季氣候酷熱，冬季的氣候環境較適合植物，因此植物在冬季時蓬勃生長。

夏生型：冬季酷寒，因而夏季較適合植物生長，通常該種類型的多肉會在夏季時蓬勃生長。

春秋生型：冬季與夏季都不利植物生長，只有春、秋季節的氣候較為適合。

台灣位處熱帶、亞熱帶環境，使得四季界線較不分明，且春、秋季節的分線也不明顯，因而造成我們只對夏天、冬天有較強大的知覺。一般來說，在台灣，冬季的氣候剛好適合大多數多肉植物生長，反之，夏季則較不利於多肉植物的生長。

多肉植物的特性就是根、莖或葉特別肥大。

■ 多肉中的萬人迷──景天

　　在眾多多肉植物中，其中又以景天最受肉迷們的喜愛。景天是多肉家族中的一個小分支，比較學術的說法，指的就是景天科植物。

　　就目前所知，景天科約30幾屬1500多種，加上園藝栽培品種等，這小家族的數量還算不少，原產地也遍布世界各地，主要分布地區以非洲、中亞、歐陸、美洲大陸等為主要原產地，台灣亦有原生的景天科植物，如東北角常見的台灣景天（石板菜）和高山地區的玉山佛甲草等。

台灣景天（石板菜）

　　那麼，景天科植物外形長得如何呢？舉個較貼近大家生活的例子來說，一般我們所熟悉的「石蓮」，喝的石蓮汁、吃的石蓮葉就是景天科植物，而「石蓮」也貼切地道出景天科的形態重點─「似石頭般的蓮花」，有大有小、有高有矮，外形都有著如同蓮花般的模樣，當然啦！既然景天科包含那麼多屬，因此形態上並不是只有像蓮花般，葉形也有波浪狀、條棒狀、圓形、扇形等，形態上多到讓人目不暇給。

條棒狀─錦蝶

波浪狀─祇園之舞　　扇形─銀波錦

圓形─虹之玉

■ 景天為何如此受歡迎

會吸引眾人目光的事物，不外乎是具有美好的外在形態。由於景天科植物呈現幾何圖樣的多變形態，配合豐富的顏色變化，有紅、黃、青、紫、黑、白等，再加上覆輪、縞斑、中斑、線條的種種變異，這些變異是因缺乏葉綠素，而產生白、黃的斑塊或線條的變化，稱之為「錦」，因而讓人對其百變姿態與顏色為之著迷。

老樂石化
生長點的變異，由一個生長點變異成多個生長點，而使植株看起來與原本的型態不同，稱之為「石化」。

綠霓綴化
若生長點剛好排成一直線，稱之為「綴化」。

黃斑熊童子
熊童子的黃色中斑變異種。

12

石頭玉（番杏科）

魔玉（番杏科）

姬龍嚴（龍舌蘭科）

玉露（百合科）

帝王錦（百合科）

沙漠玫瑰（夾竹桃科）

　　這些變異豐富了景天科的可看性，加上其繁殖力強、好照顧以及具有親民的價格，因此讓人很容易就能入手是其一大優勢。當然，多肉植物中還有別的科屬也相當受到大家的喜愛，如番杏科的石頭玉、魔玉、天女雲；夾竹桃科的沙漠玫瑰；百合科的玉露、帝王錦、羽生錦等。

如何照顧多肉植物

■ 日照與環境

　　陽光、空氣、水是植物生長的三大要素，不同植物對於這三個條件的需求也大不相同，大多數的景天石蓮都喜歡溫差大、涼爽乾燥、光線充足且通風的環境，不喜歡高溫多濕、不通風且悶熱的生長環境，因此台灣平地的「晚秋」到「初夏」這段時間，可說是多肉植物生長以及觀賞價值最高的時候。

　　這時因氣候較為乾燥、雨水不多，對景天來說是完美的生長溫度，所以這時候給予全日照的環境，植物的顏色都很美麗迷人，且此時也很適合進行各種園藝行為，像是換盆、繁殖、組合等。

　　若是在日照不充足的狀況下，植物為了接收更多的日照，會把葉與葉間的距離拉大，也就是說莖會長得比較長，或是讓植株長得比較高，以便吸收更多的日照，而整個蓮座若不像一朵花，稱之為「徒長」。

左側植株在日照不充足環境下，節間因此拉的比較長；右側植株在日照充足環境下，節間密集。

　　入夏後，多數的多肉植物會進入休眠期，這時因其生理活動較為緩慢，對環境變化的適應力相對變得屢弱，此時的多肉就很容易因強烈日照而有燒傷狀況，這時可移至日照較溫和的樹蔭或採光罩下，給予適當的遮陰。

　　多肉植物豐富的顏色變化也是其特色之一，為什麼它能從綠色轉變為黑色或者是紅色等顏色呢？其中一個原因在於植物體內的葉綠素等內部色素的變化，當溫度較低時，葉綠素便會往葉內集中，這時葉黃素等其他色素便顯得比較突出，而使葉片有紅、黃、白、黑、紫等不同的顏色改變，由於這樣的變化，也豐富了植物相；而在型態上來說，有些多肉或許會有類似絨毛的構造，其作用是為了凝結霧氣形成水滴，以供給自身水分，或是阻隔強烈陽光，此外，在寒冷的夜溫下也具有保暖效果喔！

左側為夏季時的顏色，或生長於有遮陰的環境；右側為冬季時的顏色，生長於全日照環境下。

認識可愛的多肉植物

■ 空氣

植物行光合作用時需要空氣中的某些氣體，像是二氧化碳等，經葉綠素合成所需的醣類，以供給所需的養分，當它行呼吸作用時，也需要氧氣來幫助代謝。流通的空氣會使水分的蒸散較為快速，一方面能讓介質乾燥的速度變快，二來也能讓葉面的蒸散速度加快，帶動根部的水分吸收。

而另一個與其他植物不同的地方，在於利用二氧化碳行光合作用的機制有些不同，因白天的日照溫度較高，為防止水分散失，多肉植物會關閉氣孔，但相對來說，氣孔關閉的話，二氧化碳無法進入細胞，而使得光合作用無法順利進行，因此經過多年的演化，如仙人掌、鳳梨等多肉植物發展出一種特有的有機酸代謝路徑，稱之為景天酸代謝（crassulaceae acid metabolism，縮寫：CAM）。

簡單的說，在白天無法得到二氧化碳時，先進行不需要二氧化碳作用的部分，等夜間氣孔打開吸收二氧化碳時，再完成其餘的作用，因此 CAM 代謝作用讓光合作用順利完成，此處也是與其他植物最大的不同。

■ 水分

水分不管對植物或動物來說都是很重要的因子，吸收養分需要水，支撐個體也需要水，體內養分的流動也需要水，所以水是很重要的因素。

澆水雖然是一項很基礎的工作，但其中卻包含著大學問。「栽培介質乾了再澆」這句話雖然簡單地說明澆水的基本原則，並適用於各種植物的澆水方式，但也會因植物對水的需求性、栽培介質的含水性、氣候因素影響空氣中濕度的高低或環境的通風性等，而有不同變化。

台灣的冬季受到大陸冷氣團影響，除迎風面的東北角外，其他區域雨量較少、溫差大、日照充足、空氣濕度低，由於此時正值植物生長期，因此水分供給就要相對地增加。

梅雨季來臨時，便是宣告進入度夏的準備。這時台灣氣候高溫多雨、濕度高，而生成一個又悶又濕的氣候，往往這時對多肉植物來說是最難熬的季節，此時水分的供給就可以減少，從乾了再澆，調整為乾了後三天、五天，甚至是七天或更久再澆水。

這時的任務是讓植物安然地度過這難熬的季節，型態顏色的美麗與否就不是此時的重點，而在這時候也應當減少各種園藝行為。當植物遇到比較艱辛的環境與氣候時，為求生存，往往會讓自身有些變化，以因應之後的惡劣環境，如落葉、讓生長變慢或停滯，這狀況稱之為「休眠」。

而我們給予的環境條件也要適當的做些調整，如遮陰、光線明亮、通風、淋不到雨等，當然這些都不是絕對，就如同電影侏儸紀公園說：「生命會自己找出路」。不過我們給的引導，會使其找到路的時間變快很多，園藝上稱此現象為「馴化」，指的是植物為適應環境的改變，而調整本身的生理反應以及生長狀況。這時間有長有短，單看給予的環境與原生環境差異性有多大。

■ 季節轉換時的照護技巧

季節變換時，考驗的不只是植物，相對的也考驗著我們的臨機反應。怎麼說呢？當從春季進入夏季時，或許因為植物生長旺盛，讓細胞壁變得有點薄而使得其對日照的抵抗變得有點差，而台灣的氣候近些年也變得越來越熱，在植物還沒來得及反應時，強烈的日照反而會造成燒傷，因此適當的遮陰有必要的。

再來便是遮雨，隨著梅雨季到來，為避免因過於潮濕而腐爛，遮雨的動作也顯得重要。夏入秋時，經過了一個夏季的煎熬，此時不要一下子就把植物往全日照環境放，慢慢移動才是正確的行為，瞬間劇烈的環境變化，會讓植物無法適應而產生燒傷或若干的傷害，反而讓狀況不好的植物在不佳狀態下雪上加霜，而適當的園藝動作（如扦插、換盆）則等氣候穩定時再做也不遲。

*L*esson *3*

移植、繁殖方法

■ 土壤、介質介紹

目前市面上，若要找吸水性較佳的栽培介質，建議可選擇園藝栽培介質（各種廠牌）、泥炭土、水苔，至於蛇木屑及椰子塊，它們不僅具有涵水功能，亦能增加排水性。

而排水性較好的介質則有珍珠石、蛭石、唐山石、鹿沼石、赤玉土、白火山石、黑火山石、木炭、粗砂等，這些都是目前市面上較常見的。至於比例方面，端看個人調配，若要吸水性好些，那麼吸水性佳的介質比例就要高一些，若要求排水性良好，那麼就要增加排水性佳的介質比例。當然，您也可以單用一種介質，但必須要依介質特性來選擇適當的管理方式。

一般來說，水苔大多運用在立面組合中，目的是減少土壤滑落，又因其保水性佳，所以對介質少的組合來說是首選素材，但若是盆植的話，就比較不建議選用水苔，因為容易過濕，造成根部腐爛。

基本上，調配比例並無所謂的一定比例，只要掌握住介質能夠疏鬆，抓一把在手上時不會結成塊狀即可。

■ 盆器的選擇

盆器就像是植物的家，面對市面上琳瑯滿目的品項及容器，我們該如何挑選呢？

栽培盆

這種容器適合用來作為栽培、繁殖使用，它的優點是重量輕、價格便宜且樣式多變；缺點是盆器本身不透氣，質感不佳。

素燒盆

簡單的燒製，未上釉的紅土盆，我們稱之為「素燒盆」，一般來說，風格會較趨向於歐式。素燒盆又可分為高溫燒約 1000 度以上，以及低溫燒 800～1000 度，兩者的差別在於前者結構比較結實，硬度較高，相對的成本也較高，最為大家所熟知的義大利素燒盆，就屬於前者，至於後者硬度較低，結構較不扎實、易破損，但成本較低，所以目前市面上多數以此種較為普遍。

這種容器的優點是會透氣、質感佳、變化性多且使用時間長；缺點是重量較重、單價相對較高，使用久了以後會長青苔，不過也有人刻意要讓青苔妝點盆器。

一般來說，最常見的還是栽培盆，也就是塑膠盆。

這種盆器可以拿來做變化，像是彩繪、上釉、蝶谷巴特等，但也會把表面的毛細孔堵住，變得不透氣。

陶盆

　　有別於素燒盆，顏色較深，呈棕黑色，多數為高溫燒，一般來說，風格較偏東方色彩。其優點是透氣、質感佳、樣式多、使用時間長；缺點是重量較重、單價較高。另外，也有上釉的款式，同樣的，這會堵住毛細孔，但較為美觀。

Q&A 買回去的多肉植物需要馬上換土嗎？

　　在農場裡，為便於植物管理，大多用的是有機質較多的園藝栽培介質，當然每個生產場用的都會有所不同，單價較高的植栽，或許栽培介質就會使用比較好的來調配，而較為平價的植栽，因應介質管理、成本等種種因素，多會是使用自行調配的園藝介質，其特性是有機質較多，因保水、保肥度佳，所以成長速度會較快，而排水性良好的介質，因保水、保肥度會較差一些，所以生長速度就較為和緩。

　　因此換不換土，這問題也就因應個人管理方式，或依介質特性去做決定，並非不換就枯萎。若無法依植物生長狀態去判定時，秉持一個原則，介質乾了再澆水，讓介質有乾有濕，若是經常處於潮濕的狀態下，此時土壤空隙都被水填滿，根部就會無法呼吸，且土壤與植物間的養分轉換也會受到阻礙，影響植物養分的吸收。

瓷器

　　高溫燒上釉的盆器。優點是美觀、樣式多；缺點為單價較高、不透氣。

生活中，俯拾皆是種植多肉的素材。

　　其實只要能拿來種植植物的，都能成為盆器。舉凡餐具、茶具、空的馬口鐵罐、玻璃器皿等都是很好的素材，我們無須拘泥在一定要使用市面上販售的盆器，仔細觀察生活周遭環境，您會發現原來有這麼多各具特色的素材都能拿來作為植物的家，俯拾皆是獨樹一格的創意。

■ 種植

　　對於多肉植物有了基本認識後，緊接著的便是種植與栽培了。「乾燥、通風、溫差大、日照充足」這四點是基本原則，但卻不是必然，怎說呢？因為「植物是活的」，我們千萬別用死的方式對待他們。因應不同環境，不同介質，要以不同方式去管理，而不是一味的幾天澆一次水、強日照，或是限水。

　　種植植物並沒有想像中的難，喜歡植物的朋友想必都很清楚基本的種植方式，不外乎把植物固定在盆器裡面。

　　首先把要使用的盆器裝至三分滿的土，接著把要種的植物放入，填土至八～九分滿，稍微壓實即可，留下的空間是為了放置肥料及含水用的，以免澆水時肥料及介質被水沖走，或是介質來不及吸收，水分就流失了。

　　在盆器裡的植物，因生長空間受限，水分、養分的供給全靠我們給予，因此藉由觀察植物的生長狀況，才能了解植物要的是什麼，這是成為綠手指所必修的課程，換言之，就是要花時間去觀察並了解植物。

　　觀察項目主要有何時給水？給多少水？何時下肥料？分量的拿捏？甚至是何時換盆？何時做繁殖的動作等。一般來說，生長季給水，一次澆濕，等土壤

乾了後再澆。觀察土壤是否乾燥，可從盆栽重量、土壤顏色作判斷，或是直接用手指去試；對於比較耐旱的植物，可以乾了後隔 2～3 天再澆水。如果從植物的表現來看，缺水時有的葉子會皺皺的，有些葉子會軟軟的，或是有的下葉會容易黃化掉葉，這都是缺水時的徵狀。

對於植物，也不能一昧給水，土壤長期處於濕潤狀態下，會不利根部生長，甚至會導致爛根，這時植物也會以掉葉來告訴你，或葉片呈現皺皺乾乾，這是因為根部無法供給所需水分，而呈現缺水的狀態，此情況嚴重的話，還會伴隨細菌感染，導致腐爛狀況產生，造成植株整個爛掉。

Q&A 何時給肥？給多少肥？

一般栽培介質都會標榜有加肥料，雖說有加，但其養分也會隨著澆水的流失和植物的利用而減少，因此添加肥料就有其必要性。

肥料種類很多，常見的有化學肥、有機肥，有機肥是內含有機質經過發酵而成的肥料，化學肥料則是經過化學合成，而成植物所需的生長元素。這兩種都有因使用目地而分為觀葉肥料與開花肥料，主要是依其所含成分比例來區分。

植物所需基本三要素為氮、磷、鉀，當然還有其他的微量元素配合。肥料包裝上通常會出現如 20－20－20 或 20－10－15 的數字標示，這三個數字是表示氮－磷－鉀的比例。簡單來說：「氮」關係著葉片的成長；「磷」關係著花的成長；「鉀」關係著根的成長，這三者缺一不可，在不同時期所需的比例也不盡相同，當成長期生長旺盛，所需氮的比例就會增加，這時給予的肥料就以氮肥高的為佳，磷會影響花苞的形成，故開花期磷的成分比例就可增加，而其中的微量元素，雖然不是很必須，但缺少微量元素也會影響植物成長，每家肥料公司在肥料中添加的微量元素也有所不同，所以建議當一個廠牌的肥料用完後，可改用另一個廠牌。

Q&A　有機肥跟化學肥又有何差別？

有機肥主要成分是有機質較多，富含有機質，可改善土壤，也有利於土壤內微生物的生存，微生物會幫忙分解有機質而成為植物可利用的養分，肥效性較和緩，但普遍會有些許味道。化學肥料是化學合成植物所需的元素，肥效性較快，經常使用的話土壤容易硬化，盆器也容易出現殘留肥料的結晶。

多肉植物通常都是以觀葉為主，因此肥料的選擇以通用肥或觀葉肥料為佳。一般肥料包裝上都有使用說明，不同的肥料，肥效性會有些許不同，建議仔細閱讀了解相關說明，正確使用肥料。肥料就像人類的食物一樣，過少或過量都不好，建議以「少量多餐」的方式施肥。

■ 移植

常有人問，有多肉專用的介質嗎？買回去的多肉要馬上換土嗎？調介質要加些什麼呢？就第一個問題來說，土壤有固定植物、供給養分、水分的功能，對大多數多肉來說，排水好的壤土，便是首選。

壤土，不像黏土般黏性很強，但土壤間孔隙多，故排水性佳，雖說是最好，但實際上因應環境與管理方式，不管什麼樣的介質其實都可以，舉例來說，如果在一個淋不到雨的環境下，通風好、日照佳、溫差又大，水分很容易就蒸散揮發的絕佳環境下，那其實不管你用哪種介質，都無所謂，而這種環境，在台灣，應該是在高海拔山區。

但以平地來說，如果是放在戶外野放的狀態下，夏季多雨、高濕往往會是一大考驗，當然排水好的介質這時就是最好選擇，可避免根系長期處於潮濕的狀態而爛根。

基本上，因應不同管理方式，介質的選擇也會有所不同，對於經常澆水的朋友，當然選擇排水良好的介質為佳，若是較沒時間澆水的朋友，那麼選擇保水性佳的介質會比較適當。總之，因應自身的管理方式去調配介質，或依介質特性去調整管理方式，並無所謂的「專用介質」喔！

認識可愛的多肉植物

Q&A 換盆的時機？換多大盆？

1（植物）：1（盆器）比例最為協調，這樣的比例在視覺上來說較不突兀，當植物大小呈 1.5：1 時，這時就該換盆了，因為在視覺上有頭重腳輕的感覺。此外，對於正常生長的植株，當你在換盆時會發現植株有點難以取出，那是因為植株根系生長旺盛，整個盆器內滿滿的都是根，當長到一定程度，根系受到限制，沒有空間成長時，便會出現停滯現象，所以當你發現正常管理下植物還是沒什麼成長變化時，就表示該換盆了。

一般來說，只需要換比原本的盆器大一號即可，當你去除舊盆，取出植株後會有跟盆器相同大小的一個土球，去除外圍 1／3 的栽培介質，放入新盆，再加入新的介質，會做這動作是因去除舊土時，我們會去除些植物的根系，這對植物來說雖有些傷害，但亦會刺激其長新的根系，當然不去除亦可，大一號的盆器比原本的空間大，也會讓植物的根有更多成長空間。

或許你會想為了一勞永逸，直接更換一個大好幾倍的盆器，那以後就不需再換盆，其實不然，通常植物在正常成長下，會在一至兩年內把根系占滿整個盆器，若沒有做換土動作，也就會呈現上面提到的狀況，滯留在一個沒有多大成長的型態。

STEP2
選一個四吋的素燒盆，底部先鋪 1／3 的介質。

STEP3
把晚霞脫盆並整理乾枯的下葉，若乾枯的老根系很多，可去除 1／3 土團。

STEP4
移入盆內，讓原本的土在盆器的八分滿位置。

STEP1
晚霞植株已超出三吋栽培盆範圍，該換新家了。

STEP5
填土至九分滿就完成了。

■ 繁殖

繁殖的主要目的有二，一是增加個體數目，另一原因是為延續其生命或保存植物本身的特性。通常植物繁殖有兩種型式，分為有性繁殖與無性繁殖。

有性繁殖

有性繁殖亦稱為種子繁殖或實生法，顧名思義為用種子來繁殖的方法。

優點：

1. 操作容易，一次可得數量較多的苗。
2. 種子方便儲存及遠運。
3. 可獲得無病毒苗木。

缺點：

1. 植物性狀易分離，不易保存親本固有特性。
2. 實生苗具有較長的幼年性，播種後到開花結實期較遲。
3. 單為結果或不具種子植物不能採用。

就上述優、缺點來說，景天以有性繁殖來取得植物個體的方式多用在育種上，因其無法保有親本特性，種子繁殖下的個體就會有異於親本的表現。這個特點也常為育種者所青睞，用在培育出抗病性較強、果實甜度較高，亦或是型態顏色更優越於親本的子代。

種子越新鮮飽滿，發芽率也就越好，儲存越久的種子，發芽率會隨時間相對地降低，景天的播種以台灣氣候來說，建議秋播較為適合，播種後至翌年夏初的環境較適合景天生長，不會因氣候環境的過分變化而讓較為脆弱的幼苗無法越夏。

無性繁殖

利用植物組織或器官的再生能力來作的繁殖稱為無性繁殖，因採用植物的營養體（根、莖、葉）作繁殖材料，也稱為「營養體繁殖法」。

優點：

1. 植物性狀不會分離改變，可得相同性狀特性之植株，指的是所得到的植株帶有跟原本植株一模一樣的性狀，如形狀、顏色、年分。
2. 抵達開花結果期早，因年分相同，成熟已達開花時期的植株，用無性繁殖所得之植株，也已達開花期，同樣具備開花結果的能力。

缺點：

1. 無法得到異於親本的植株。
2. 有些操作較為複雜。

■ 繁殖方法

分株法

　　利用植物不定芽或不定根長出的植株，使其與母體分離而得到新的植株，也就是把小苗從母體分離。

STEP3
把土團撥開，接著將較大的植株分開。

STEP1
當盆內有過多的獨立植株時，便可進行分株動作。

STEP4
單獨種植於準備好的盆器介質中。

STEP2
將植株脫盆。

STEP5
分株動作便完成。

扦插法

　　將植物營養體的一部分，插入介質中誘使其向下長根向上長芽，又可分為葉插法、胴切法。

胴切法

STEP1
以剪刀剪下植株莖部上方健康的頂部。

葉插法

STEP1
剝下健康的葉片，放置於陰涼通風處，或平鋪於介質上。

STEP2
莖部的傷口處可放置於通風陰涼處讓傷口自然癒合，沾發根粉亦可。發根粉含殺菌劑、生長激素，有殺菌、促進發根作用。

STEP2
等待葉底端長根及芽體。

STEP3
將頂部種植於栽培介質中。

STEP3
當芽體長到一定大小就能移植了。

STEP4
胴切工作完成。

高芽、走莖（不定芽）

STEP 1
蔓蓮及母子蓮都有像這樣的不定芽。

STEP 2
取下較大的不定芽。

STEP 3
種植於準備好的栽培介質上。

STEP 4
便完成了高芽的繁殖。

壓條法

用媒質披覆植物的部分，誘發其長根，再自母體切割分離，有偃枝壓條法、堆土壓條法、空中壓條法。

嫁接

利用植物的組織再生作用，連結分離的兩個植物體，使其成為一個獨立個體，有枝接、芽接、根接，大多用於無葉綠素的全黃化或全紅化仙人掌，也用於一些生長緩慢的仙人掌。

組織培養

又稱微體繁殖，在無菌環境下，人工培養機內做細胞組織、器官的培養生長。

Lesson 4

病蟲害防治與急救照護

　　病蟲害從字義上來解釋，指的是病害及蟲害，除此之外，也包含一些物理性傷害，如凍傷、日燒、熱障礙等。

病害

　　因植物本身不健康或經由傷口感染，肉眼不易察覺的原因謂之病害，就如同人類感冒一樣，一般來說，有因細菌引起的斑點，或是因受真菌、黴菌、病毒感染造成植株死亡。

中間白色蟲體為介殼蟲，以吸食植物汁液維生。因牠會分泌蜜液，所以介殼蟲出現的地方常招來螞蟻。

蟲害

　　植物受到蚜蟲、紅蜘蛛、介殼蟲等昆蟲的侵擾，牠們會吸食植物的汁液，使植株健康出現狀況。

受介殼蟲蟲害的黑法師。

凍傷

　　由於下雪、結霜等氣候因素，讓植物受不了嚴寒而受到傷害，一般來說，台灣的環境比較不會出現凍傷情況。

日燒

因強烈日照，使得植物葉片呈現如燒焦般，此情況較常出現在季節轉換時。

粉紅佳人的日燒。

熱障礙

簡單來說，就是對太熱的氣候無法適應而產生的生理反應，有點類似人類的熱衰竭，因身體過熱而導致多重器官衰竭，往往會造成植株整個死亡。

病蟲害防治，可分為物理防治及化學防治。物理防治就是改變環境去杜絕病蟲害根源與植物接觸的機會，例如設施、遮陽網、網室等。設施能減少跟著雨水下來的病菌與植物接觸，雖然空氣中到處都有病菌，但減少接觸機會，相對的感染機會也就降低，也可避免雨季時過多的水分導致植物腐爛，而遮陽可防止燒傷，網室則可防止比孔目大的害蟲進入。

化學防治方式就是化學藥劑（農藥）的噴灑防治，也可分殺菌劑及殺蟲劑，殺菌劑是針對細菌、真菌、黴菌等肉眼看不到的病原菌，殺蟲劑是針對節肢動物或無脊椎動物，如蚱蜢、蚜蟲、介殼蟲、夜盜蟲、紅蜘蛛、蝸牛、蛞蝓等。

化學用藥都能在園藝店購買，若要較為專業的化學藥劑就要到農藥行，一般來說，園藝店的化學藥劑為環境用藥，藥性較溫和，而農藥行則會針對某些病菌或某些蟲害做專一性的根治。不過使用化學藥劑要注意正確的使用方式，做好防範措施，並避免兒童接觸。

至於一些非病蟲害造成的生理傷害，就盡量以人為方式去杜絕傷害，如日燒的防範就是以遮陰方式避免日照過強；避免寒害發生，就要把植物移到較溫暖的地方或加溫處理；遭遇熱障礙時，就把植物移至較涼爽的地方或作降溫處理。

Lesson 5

多肉選購技巧

選購健康的多肉植物其實並不難，但切記，盡量別用手去碰、去捏它，因為有些多肉植物的葉面上有粉，手一碰，就會把指紋留在葉面上，而影響植株美觀，用手去捏，有時會傷害植物的組織，使葉片壞死。

挑選植物時，以形態飽滿，葉形肥厚的植物為上選，盆器輕輕搖動但植株不為所動，表示根系很健全，若輕輕搖動時植物會晃動，表示根系還沒很健全，如果葉片跟著掉落，那就表示植株有問題，不過切勿大力晃動植株，只要輕搖即可喔！

此外，選購時間點也相當重要，一般來說，請盡量挑選植物生長旺季，也就是冬天，此時植物因為處於生長旺季，所以植株都很健壯，若是在夏季，植株可能就不是那麼美觀，且照顧上還要花費較大的心思，才能免於死亡。

挑對店家也很重要，盡量挑選信用好的店家，或對這植物有一定認識的店家，那麼當你遇到問題時，也比較有地方可以詢問。

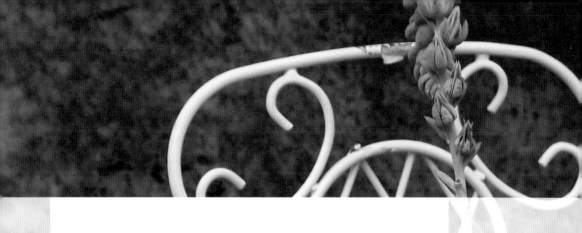

CHAPTER 2

28 款不藏私
的多肉盆栽組合技巧

■ 工具及材料

　　工具是作業時所用的輔助器材，一般常見的器材有剪刀、鏟子、鉗子、鐵絲等，基本上，只要能讓我們達到事半功倍的用具都能拿來運用，並沒有限制一定非要使用什麼工具喔！

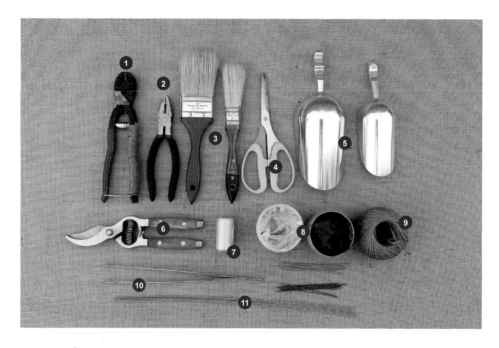

❶ **破壞剪**：剪斷鐵絲用。

❷ **老虎鉗**（尖嘴鉗亦可）：可用來剪斷鐵線，扭緊鐵絲。

❸ **刷子**：清除植物上的介質或石頭。

❹ **剪刀**：裁剪植物。

❺ **多用途鋁合金鏟**：盛土、裝填介質時使用。

❻ **剪定鋏**：剪斷莖較粗的植物。

❼ **棉繩**：綑綁、固定用。

❽ **AB膠**：黏著時使用，切勿用熱溶膠及白膠，因碰到水時會脫落。

❾ **麻繩**：綑綁固定用，也可拿來作為裝飾。

❿ **不銹鋼鑷子**：遇到較小的植株，無法直接用手操作時使用。

⓫ **鐵絲**：各種粗細尺寸，用來固定植物。

■ 設計基本原則

美是一種很主觀的感覺，每個人對美的觀感都不盡相同，欣賞的角度也各異其趣，所下定義更是不一樣，但還是會有一個最符合大眾欣賞角度的觀點，以這些觀點為準則，做出的作品也就能符合大多數人對美的喜好。當作品做多了，您也能練就出每當進行創作時，就會很自然地挑出自己想要的植物型態及顏色。

以下提出幾項基本原則，供您參考：

1. 設計 決定作品的外型、型態以及三度空間的長、寬、深，也就是作品的大小以及風格。

2. 比例 大小間的相互關係，盆器與植物或配件間的大小比例。

3. 平衡 視覺上讓人感覺穩定的印象即稱為「平衡」，又稱均衡，其中包含對稱與不對稱，對稱是相同的型態、顏色；不對稱是指相反的型態、顏色，其中所要注意的是架構與色彩的平衡，色彩又包含位置、色塊、色調的平衡。

4. 協調 整個作品間各個元素是否達到相互輝映，讓人有超乎物理性的感覺，也就是所謂的美感。

5. 焦點 通常一個作品的焦點會落在花器上方的盆口附近，以及型態最大或顏色最亮眼的素材上。

6. 韻律 一種動態的感受，作品中動線的安排。

7. 重點 顯著的處理某個角落或素材，特意強調，或者利用強烈的大小、顏色、形狀構成對比。

8. 重覆 形狀、數量、顏色的反覆使用。

9. 組合 將不同素材間的造型、顏色、線條連結成為一致性的構造體。

以上這些原則其實是商業空間裡要注意的一些事項，當作品要成為商品時，一定要具備其成為商品的價值，所以考量的重點就會很多，但如果純粹只是居家種植，那就只要把握一個大原則──「自己喜歡最重要」，畢竟作品是照自己喜好所創作出來，心情上愉悅，那就是種植植物的最大目的。

歡欣「竹」舞

簡單的竹製容器，帶著東方禪味。

行雲般的流木，為木訥有節的竹增添了一絲靈動感。

「銀之太鼓」如同舞動著羽扇般，

歡欣地跳躍、舞動在竹節之間。

材 料

植物：

① 黃金萬年草⋯⋯⋯⋯⋯⋯⋯P170

② 火祭⋯⋯⋯⋯⋯⋯⋯⋯⋯⋯P149

③ 銘月⋯⋯⋯⋯⋯⋯⋯⋯⋯⋯P169

④ 大盃宴⋯⋯⋯⋯⋯⋯⋯⋯⋯P161

⑤ 姬朧月⋯⋯⋯⋯⋯⋯⋯⋯⋯P162

⑥ 霜之朝⋯⋯⋯⋯⋯⋯⋯⋯⋯P167

⑦ 老樂⋯⋯⋯⋯⋯⋯⋯⋯⋯⋯P151

⑧ 花簪⋯⋯⋯⋯⋯⋯⋯⋯⋯⋯P149

⑨ 秋麗⋯⋯⋯⋯⋯⋯⋯⋯⋯⋯P162

⑩ 銀之太鼓⋯⋯⋯⋯⋯⋯⋯⋯P164

介質材料 & 工具：

鐵線（20#、18#）
栽培介質、水苔
剪刀、尖嘴鉗

容器：

製作一大一小的竹製容器。取一節
竹子，將其分切為 1 / 3 與 2 / 3
大小，以小的為底座，大的作為盆
器。接著將兩塊竹子利用螺絲做連
結，再將流木以同樣方式固定在竹
子上。完成後可用噴槍讓竹子呈現
出焦黑效果。

設 計 理 念	維 護 重 點
運用同屬白色系的老樂、霜之朝、銀之太鼓，作出動線以讓視線由左至右，再往上拉長作延伸，銀之太鼓直立的線條與流木的曲線相呼應，衝突中又帶份和諧。	適合室外全日照的環境，栽培介質乾了再澆水。由於介質少，所以要注意澆水的次數。

作法

01.
取些許帶土團的黃金萬年草
植入竹器與流木間的隙縫
處。

02.
依次植上霜之期，種植時注意
植物的面以及高矮層次的配
置，最後再以黃金萬年草填補
後方的空隙，記得要往流木方
向將介質壓得緊實些。

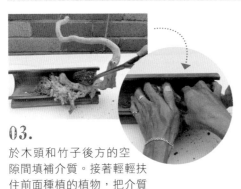

03.
於木頭和竹子後方的空
隙間填補介質。接著輕輕扶
住前面種植的植物，把介質
往植物方向壓實。

04.
將火祭置於後上方以 U 形釘作假固定。

05.
右前方植入銘月。

06.
將銀之太鼓植入後調整其位
置，讓它自然地從火祭與銘
月中拉出線條。

07.
植入第二棵銘月，並調整層
次及高度。

08.

以介質或水苔補滿右方空隙，切記要把介質壓實，否則植物在根系還未長全時，很容易鬆散而變形。

取一根較長的 U 形釘將介質與植物固定。

09.

植入大盃宴後調整面向及高度。收尾時，先將黃金萬年草植入，再補上 U 形釘防止下滑。

10.

上方空隙先把姬朧月作假固定後，取帶土團的花簪填補剩餘空隙。

11.

用一根較長的 U 形釘將老樂跟主體做連結。當左右各有 U 形釘向中間固定時，介質就會全部往中間壓實，而生成出一個扎實的土球，這樣一來，作品就比較不會變形。

12.

主體完成後，接下來做配件。在沒有流木可倚靠的狀態下，種植方式是把植物放置在盆器上。

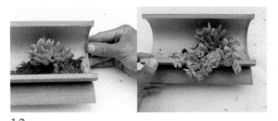

FINISH

13.

周圍以水苔包覆，用 U 形釘固定。

瓶中之森

錦蝶的堅韌，如同松樹般持有的造型，
讓我們運用它來營造樹林的一隅吧！
將其收藏在這清透的玻璃瓶中，
為家中帶進森林的味道。

材 料

植物：

介質材料 & 工具：
棉繩
玻璃珠
栽培介質
水苔

容器：
玻璃盆器

TIPS

請選擇瓶身較高的玻璃盆器，這樣才能容納錦蝶的高度。

設 計 理 念

利用錦蝶如同松葉般的形態，營造出森林樹木的層次感。低矮的加州夕陽，除了配色，也能營造灌木叢的低矮層次，最後搭配馴鹿水苔，森林的氛圍油然而生。

維 護 重 點

適合置於室內窗邊明亮處，密閉環境水分不需太多，澆水時盡量別滴在玻璃上，以免水漬影響美觀。

作法

01.
將錦蝶的下葉剝除或剪除，取其頂端如同樹冠的形狀備用。

02.
依高低層次取數段使用，最高的部分以不超出瓶身為基準，之後依高低落差取用。

03.
取出水苔，將其泡過水後把水分壓乾，接著包覆在最長那根枝條的根部。

04.
調整高低層次，逐步將枝條依序置入。

05.
最後加入配色用的加州夕陽。

06.
調整一下所需要的角度，做出初步構圖。若葉片太多可再稍微做修除。

07.
將水苔壓實，捏成一個可放進瓶口的水苔球。

08.
接著以棉線纏繞固定成一個水苔球，亦可使用釣魚線或細銅線。

09.
再次調整好角度，切記小心調整，以免不小心折斷。

10.
輕輕地抓住最高的錦蝶，將做好的水苔球慢慢放入瓶中。

11.
取把長鑷子將馴鹿水苔置入，馴鹿水苔的作用主要是用來蓋住水苔球，並增加美觀。

12.
輕撥植物四周，直到都蓋過水苔球。您可依自己的喜好選擇綠色或原色馴鹿水苔。

13.
加入玻璃珠作為裝飾，若玻璃珠過大，可將瓶身傾斜，用滾落的方式置入，以免玻璃盆器被敲破。

14.
最後用長鉗子調整您所要的位置，不妨裝飾些小飾品，建議可用符合想要的主題做搭配。

FINISH

縮小版的擬森林完成了，擺放於生活空間某個角落，頓時讓家中多了股身在森林的氛圍。

SUCCULENT PLANTS 03.

「歲歲」疊疊

素燒與木板的相遇，

歲月在盆上留下的痕跡，是碎也是歲。

藉著木板的堆疊，又是另一番光景。

材 料

植物：

介質材料＆工具：

水苔
栽培介質
鐵絲（20#、18#）

容器：

把破碎的素燒盆利用 AB 膠依自己喜歡
的排列方式黏在木板上。（請選擇具防
水性的膠，切勿用熱溶膠）

設 計 理 念

破損的瓦盆，搭配幾塊經過時間
淬鍊的舊木板，經過簡單的堆疊
及排列組合後，展現出它獨樹一
格的品味與風格。主體白鳳的
大器，讓整體焦點集中在盆上，
新玉綴的垂墜感更襯托出主體的
優雅，而突出的朧月，為作品增
添些許律動感，並與主體相互呼
應。

維 護 重 點

適合置於室外全日照的牆面，澆
水視介質的乾燥程度適度給水。

作法

01.
先在較大的盆器中填入介質，或用發泡煉石等排水良好的介質填充至七、八分滿。

02.
在缺口邊緣先將下垂的新玉綴植入，建議新玉綴選擇較老的植株，垂墜性較佳。

03.
當無土團，植物會晃動時，可先以 U 形鐵絲（20#）做假固定。

04.
再把高一些的姬秋麗植入作假固定。當植物附近沒有土團時，假固定的動作就顯得很重要。

05.
填入一些介質，並把介質往植物的部分輕輕壓實。

06.
植入玉蝶，請注意植物的面，因這作品為掛飾，所以應調整為 45 度角。

07.
接著植入白鳳，因其位於後方，所以可直立放置。記得先以 U 型鐵絲（20#）作假固定。

U 形的凹處要卡住植物的莖部。

08.
水苔的固定能力較介質佳。加入水苔後，輕輕地往植物方向壓實，再以 U 形釘固定，這樣固定效果較佳，植物比較不會鬆動。

09.
把線條較突出的朧月植入，
並以鐵絲做假固定。

10.
接著植入紅日傘，並以 U 形
釘作假固定。

11.
再植入朧月及秋麗，以 U 形
釘作假固定後，加些水苔壓
實固定。掌握依高低落差種
植的原則，若裡面的太低則
會被外面的植物擋住而看不
到。

12.
取帶有土團的黃金萬年草植
入剩餘的空隙，並以鐵絲固
定，主體部分完成。

13.
上方小盆器的部分一樣先從
懸垂的新玉綴開始。

14.
接著取適量的黃金萬年草以
U 形釘固定。

15.
再由下往上依序植入姬朧
月，並以 U 形釘固定。若介
質較為鬆散，可視情況加入
水苔做固定。

FINISH

最後以粗鉛線穿過預留的孔
洞做掛勾，作品就完成了。

薪火相傳

火爐與木炭總伴隨著團聚與歡笑，
秋冬時如火焰般豔紅的火祭，
彷彿烈焰般，閃耀地在木炭間跳動，
就讓這爐不滅的火，
將喜悅一直傳承下去吧！

材 料

植物：

介質材料 & 工具：

木炭

棉布（不織布、麻布也可）

栽培介質

水苔

鐵線（18#、20#）

容器：

火爐

設 計 理 念

秋冬時節，換妝後的火祭，展現
出火紅姿態，很適合作為火的象
徵。搭配不死鳥錦的藍、白色
彩，銘月的黃紅，讓作品展現出
繽紛熱鬧的氛圍。

維 護 重 點

適合室外全日照的環境，栽培介
質完全乾燥時再澆水。

作法

01.
取塊棉布（不織布、麻布也可）鋪設在火爐底部，以防止介質流失。

02.
將介質填入約八分滿後壓實。（可先填入發泡煉石，再填入介質）

03.
取一塊較大的木炭置於介質上壓實，稍微做固定。

04.
先取主體最大的火祭，將其種植於木炭邊緣。取另一塊較小型的木炭用來固定火祭。（亦可先以鐵絲做假固定，再放入木炭）

05.
將較高的不死鳥錦種植於木炭與火祭間後，再取較低的不死鳥錦植入，做出層次。

06.
填入些許介質做固定，亦可利用鐵絲做假固定，再填入介質。完成後把銘月植入。

07.
取少量斑葉佛甲草種植於不死鳥錦及銘月間，藉此襯托出主體。

08.
再植入一顆較矮小的銘月，做出層次後，取一塊木炭往主體方向壓實。

09.
取少量帶土團的斑葉佛甲草種植於火爐與木炭間，以固定住木炭。

10.
接著把火祭植入，並輕輕把土壓實。

11.
填入少許介質後，再加入一小塊木炭，讓火祭如同火焰般，跳躍在木炭上。

12.
木炭空隙間，先植入些許斑葉佛甲草，再把秋麗填滿木炭間的縫隙。

13.
植入火祭後再放置少許木炭。在植物根系還沒飽滿前，木炭是植物的依靠。

14.
接著再植入銘月作點綴，然後用木炭固定。

15.
最後，取帶土團的斑葉佛甲草填補空隙。把握一個原則，以木炭固定植物，植物固定木炭，達到互相箝制的目的。

FINISH

多肉植物會因季節變化而轉換不同顏色，這作品完成時正逢夏季植物顏色偏綠色的時候。當進入秋冬，它的顏色就會偏紅，呈現出如火焰在木炭上跳躍的意象。

蒼勁

隨著時光的交織堆疊，

讓多肉植物顯露出一份蒼然的勁道，

展現出強韌的生命力與頑強的堅定力。

材料

植物：

❶ 樹狀石蓮⋯⋯⋯⋯⋯⋯⋯P152

❷ 母子蓮⋯⋯⋯⋯⋯⋯⋯⋯P165

介質材料 & 工具：

流木
栽培介質
水苔
鐵線（18#、20#）

容器：

長方木盆（利用幾塊簡單的木板釘成木盆，然後著上白色水泥漆。）

設 計 理 念

利用古樸的流木與樹狀石蓮作結合，營造出古木參天的美感，搭配較低矮的母子蓮，雖只有簡單使用兩種景天植物，卻也能展現出蒼勁的味道。

維 護 重 點

適合室外全日照環境，介質乾了再澆水。

05. 蒼勁

作法

01.
先將介質填至八分滿左右，若要排水良好，可先填入三分滿的發泡煉石。

02.
取適量帶土團的母子蓮，種植於盆器的 1／3 處。

03.
將流木以橫置方式擺放在母子蓮後方靠近木盆邊緣，較厚實的那一端朝向盆器中央。

04.
先取較低矮的樹狀石蓮靠著流木，呈現出群落的樣子。然後以鐵絲作假固定，周圍再加些介質或水苔。

05.
將較老且有莖的樹狀石蓮植入，以橫向順著流木方向往左延伸放置。因植株上半部重量較重，所以需用鐵絲作假固定。

06.
置入直立流木，與主體做呼應。

07.
因直立的流木較難固定，建議先埋入介質中，再以較粗的鐵絲把流木固定。

08.
於作品右方植入另一棵較小的樹狀石蓮，調整植物方向，並壓實介質，確實固定植物。

09.

最後加入整片的母子蓮，往中央主體壓實固定好，再把空隙處填入介質至九分滿。

10.

流木後的空隙部分，可先在表面鋪上一層水苔，並確實壓緊以固定植物。

11.

最後，在水苔表面鋪滿小石子，並調整植物角度，若植株斜度不夠，可用 U 形鐵絲把植株拉低做固定。

老植株會依環境光線而展現出不同姿態，依其形態加入不同元素，就能改變其雜亂的樣子，成就另一番風情。

FINISH

磚瓦情

仿效大地之母的巧手，

讓這殘磚破瓦，再生新意。

透過一磚一瓦，為都市叢林增添一份質樸之美。

材 料

植物：

❶ 花筏 …………………… P157

❷ 雀利 …………………… P171

❸ 昭和 …………………… P165

介質材料 & 工具：

小磚塊

栽培介質

水苔

鐵絲（18#、20#）

容器：

瓦片、素燒盆

設 計 理 念

家裡若有破損的素燒盆或瓦片，千萬別急著丟掉喔！運用些巧思，將其重新組合黏貼後，一個別具風格的盆器就完成了。本作品讓花筏如同從瓦縫中蹦出來似的，展現著自己的美麗，搭配上昭和、雀利的襯托，更顯得耀眼，在在展現出強健的生命力。

維 護 重 點

作品完成後，適合放置在室外有全日照的環境，栽培介質乾燥後再澆水。

55

06. 磚瓦情

01.
先將素燒盆與瓦片用 AB 膠依喜愛的形式黏著固定，然後在缺角處植入帶土團的雀利。

02.
將主體花筏種植在雀利上方，然後以鐵絲作假固定，再加入栽培介質、水苔固定。

03.
從右上方開始加入昭和，並用鐵絲做假固定，植入時往左方壓實以便固定之前的花筏。

04.
剩餘空間以帶土團的雀利補滿，記得往盆中壓實以固定。補植時可用鐵絲固定，此時植物若無根，在莖部碰到介質時，秋冬季節很快就會發根。

05.
下緣的部分，先補一小叢雀利，再把整個帶土團的雀利植入。

06.
接著在角落植入一小叢群生的昭和。

07.
把昭和捏成長條形，植入素燒盆與瓦片的縫隙中。

08.
瓦片下方空白處，補上較小株的雀利，收尾時以鐵絲由左向右一個蓋一個，便能把鐵絲隱藏起來。

依序把植株固定，
並掩蓋鐵絲所留下
的痕跡。

09.

素燒盆的縫隙處，由
上而下以雀利補滿。

10.

最後，把磚塊後的縫隙做收
尾，利用雀利掩蓋介質，以
鐵絲做固定。

FINISH

想必很多人都看過宮崎駿的魔法公主，大自然是開花婆婆，廢棄的地方一但歸還大地，大自然
便會以自己的方式重新去接收，這作品只是模仿自然接收的方式，以較簡易的手法去呈現。盆
器無所不在，端看您用哪個角度去解讀盆器了。

歡樂塗鴉板

猶記得年少時在黑板前塗鴉,

盡情揮灑的歡樂時光,藉由塗鴉板,

我們記憶了當下的愉悅與美好。

材 料

植物:

1 珊瑚大戟 ·························P180

2 東美人錦 ·························P166

3 銘月 ·····························P169

4 愛之蔓 ···························P178

5 珍珠萬年草 ·······················P170

6 龍血 ·····························P171

介質材料 & 工具:
栽培介質
水苔
馴鹿水苔
鐵絲(20#、18#)

容器:
準備三塊長木板及三個馬口鐵罐,先將
木板用兩根木條做橫向連結,接著在馬
口鐵底部打洞,用螺絲鎖在木板上。將
木板塗上黑板漆即完成。

設 計 理 念

利用生活周遭隨手可得的馬口鐵
罐及廢棄舊木板,重新組合後,
加入線條簡單大方的珊瑚大戟,
為作品整體視覺效果增添了律動
感,搭配上具有迷人色彩的東美
人錦,活潑性十足的塗鴉板就完
成囉!

維 護 重 點

適合室外全日照的環境,栽培介
質乾了再澆水。

作法

01.
先將栽培介質填至八分滿左右，若要排水良好，可先填入發泡煉石至三分滿，再填入介質至八分滿。

02.
依高矮層次，在右手邊的馬口鐵罐中植入珊瑚大戟。

03.
接著在前方空位處，植入東美人錦，種植時記得將介質壓實，並略微調整植物的面向，使植物正面朝前。

04.
將植物空隙處填滿栽培介質或水苔以固定植物。（水苔會比介質容易補入小空隙）

05.
用馴鹿水苔做修飾，蓋住水苔或介質，亦可用小石頭或較美觀的自然裝飾物做修飾。

06.
在中間的馬口鐵罐填入介質後，於後方種植銘月，選擇植物時要挑選較不易長高或耐剪的，以免擋住書寫區。

07.
前方以具下垂性的愛之蔓補滿空隙，下垂的線條可增加作品的動線，讓視線隨之往下延伸。

愛之蔓的根部有一個小球稱「零餘子」，您可利用 U 形鐵絲卡住零餘子的方式固定。

08.
以水苔或介質填滿空隙、壓實，再以馴鹿水苔做修飾，蓋住水苔或介質。

09.

先將介質填進左方的馬口鐵罐，接著取一大把帶土團的珍珠萬年草種植於前方。

10.

後方約 1 / 3 空隙處以枝條狀的龍血補滿。

11.

左方再補上愛之蔓以增加垂墜感。

FINISH

運用生活周遭回收的馬口鐵罐頭，簡單動手DIY，一個實用的留言板兼多肉盆栽便完成了。

原始

仿原生地的種植,

錯落在咕咾石間,

生長於石縫處,

展現出頑強的生命力與堅毅。

材 料

植物：

❶ 珍珠萬年草······················P170

❷ 魔海······························P164

❸ 深蓮······························P165

❹ 白閃冠··························P153

❺ 高砂之翁·······················P155

❻ 錦晃星··························P153

❼ 女王花笠·······················P155

❽ 花葉圓貝草····················P163

❾ 琴爪菊··························P175

❿ 萬金萬年草····················P170

介質材料 & 工具：

咕咾石
發泡煉石
栽培介質
水苔
鐵絲（20#、18#）

容器：厚實的水泥長方槽

設 計 理 念

利用形態近似的高砂之翁與女王花笠，組成耀眼的主角，錯落有致地散布在石縫間，透過珍珠萬年草等配角的襯托，顯現出霸氣卻又和諧的畫面。

維 護 重 點

適合室外全日照的環境，因盆器無排水孔，雖設計有積水層，但澆水時還是要小心，且盡量避免淋雨，以免積水過多。

作法

01.
因水泥長方槽沒有排水孔，所以要先做積水層，以發泡煉石鋪底。

02.
也可利用石頭等較大介質鋪底（約 1／3 面積高度），此積水層是讓多餘的水分積在下方，不會與介質直接接觸。

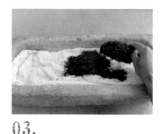

03.
鋪上不織布（麻布、棉布亦可），讓介質與發泡煉石分開後，再鋪上栽培介質。建議可先測量約多少水會淹過發泡煉石，之後澆水水量就以此為準則。

04.
將珍珠萬年草植於左前方角落，再取一、兩塊咕咾石置於珍珠萬年草後方，並向前往盆緣壓實。

05.
將白閃冠種植於珍珠萬年草後方，蓮座要比珍珠萬年草高度高一些，以讓白閃冠如同浮在石頭上。

06.
接著後方再植入較高的錦晃星，高度要比白閃冠高些，如無土團，先以鐵絲作假固定。

07.
完成後在其後方用一顆比前方體積還要大的咕咾石來固定錦晃星。再取較大塊的石頭置於右方製造石縫，以便植入植物。

08.
將主體高砂之翁種植於石縫間，並利用兩塊石頭把高砂之翁牢牢固定好。

09.
在主體前方種植花葉圓貝草後利用鐵絲做假固定，再於前方植入較小的女王花笠。

10.

將深蓮植入女王花笠與石頭間的縫隙，先行假固定後再加介質壓實。深蓮延伸出來的線條會讓整體視覺不死板。

11.

在左側有空隙的地方加入琴爪菊與花葉圓貝草，增加視覺上的變化。

12.

用黃金萬年草做收尾動作，並將栽培介質壓實。

13.

錦晃星旁的空隙較大，可再植入一株女王花笠做補強。

14.

石縫間的空隙先用細長的琴爪菊做裝飾，接著置入外形較大的魔海，切記其高度要比主體高砂之翁低。

15.

在介質表面鋪上小石頭，若怕石頭與介質混在一起，可先鋪一層水苔。

16.

最後，以較細的貝殼砂鋪面，可加入貝殼做裝飾。

FINISH

用點巧思便能營造出如同原生環境般的縮小世界，加入咕咾石、貝殼，營造出海洋風格。您不妨也趕緊動手創造個原始小世界吧！

留住燦爛

篩砂器具想必你我都不陌生，
過濾掉不要的，留下喜愛的，
就讓我們一同來篩掉那灰暗，
留下一世的燦爛吧！

材料

植物：

介質材料 & 工具：
水苔
鐵絲（20#、24#）

容器：
將縮小版的篩砂器利
用簡單的四根木條，
加上鐵網就完成了。
把一大一小綁在一
起，就成了盆器。

設計理念

白色的白牡丹搭配紅黑色的大銀
明色，形成強烈對比色，彼此相
互襯托，姬朧月的紅，讓顏色的
層次更具豐富感，透過碧鈴的視
覺引導，讓大小主題有了聯結。

維護重點

適合放置在室外全日照的牆面，
因介質是水苔，澆水方式可一次
澆到濕透，或多次噴濕表面（只
讓表面潮濕而不是介質全濕）。

作法

01.
先將主體白牡丹去除土團，整理不要的下葉，以讓莖部明顯。接著取較細的鐵絲（24#）把白牡丹綁在鐵網上。

若一根鐵絲無法固定牢靠，可加第二根鐵絲，務必把植物固定。

02.
將鐵網平舖桌面，在植物莖部周圍加少許水苔，壓實後用U形釘把水苔固定。

03.
取少量黃金萬年草，以U形釘固定後再補少量水苔。水苔不需多，但要壓緊實。

04.
接著取另一棵白牡丹，去除土團後以20#U形釘用環抱方式先行作假固定，再補些許水苔壓實固定。

05.
將虹之玉植入後加些水苔固定。水苔的量不用多，否則苔球就會變得沒那麼平貼，但要壓實。

06.
完成後上方以較老植株的姬朧月拉出線條，讓作品更活潑。

07.
將黃金萬年草抓成小束做點綴。

08.
補上姬朧月，讓它往左延伸，營造出簡潔的動線。左下角填滿黃金萬年草。

09.

植入第三棵白牡丹，若發現做好的主體苔球會鬆動，可用鐵絲再把這棵白牡丹綁在鐵網上，以求與盆器更牢靠。

10.

加入具懸垂性的碧鈴。匍匐性的植物可從側邊固定，莖碰到介質，根就會往裡頭長。

11.

配上搶眼的大銀明色，再以黃金萬年草收邊。

12.

小型網的部分以姬朧月為主體，固定好後補一小搓黃金萬年草做點綴。

13.

加入碧鈴營造垂墜感，再以黃金萬年草做收尾。

FINISH

雖說是利用簡單的東西，但成品做出來的效果往往會出人意表，讓人眼睛為之一亮。

海的味道

看著充滿海洋風情的貝殼，

讓人彷彿置身在沙灘上，

迎著淡淡鹹味的海風，

感受著炙熱的夏天。

材料

植物：

❶ 秋麗······················P162
❷ 姬秋麗·····················P160
❸ 迷你蓮·····················P157

介質材料 & 工具：
栽培介質、水苔
馴鹿水苔、貝殼砂
鐵線（20#、18#）

容器：
硨磲貝、扇貝。
有點深度可當盆器的貝殼皆可。

設計理念

利用同色系的秋麗與姬秋麗，搭配形態小巧精緻的迷你蓮，整體上展現出多層次的協調之美。

維護重點

適合置於室外全日照環境，由於盆器沒有排水孔，澆水須小心，勿過量。

作法

01
先將迷你蓮依貝殼的斜度，種植於小扇貝內。

02.
完成後在表面鋪上細貝殼砂。

03
於貝殼上方植入姬秋麗，盡量選取較高大的植株，讓其部分露出盆外。

10. 海的味道

04.
在大盆器中間區塊先行植入秋麗,若不好固定可用鐵絲做假固定。

05.
將兩個做好的小貝殼順著大貝殼斜度,一高一低置入。

06.
就定位後,先以鐵絲把秋麗固定好,再以較小株的秋麗將空位植滿。

07.
縫隙補上水苔壓實,防止栽培介質滑落,並以鐵絲固定水苔。

08.
最後,再以馴鹿水苔做修飾,營造出海草環繞的氛圍。

為防止小貝殼移動,可將鐵絲折成拐杖形狀,將較長的那端插進下方的介質裡,短的那頭則卡住貝殼邊緣,防止貝殼下滑。

09.
上方若看得到栽培介質,可利用貝殼砂蓋住做修飾。

10.
若有空間,可再置入小貝殼做裝飾。

FINISH

利用簡單的手法,一個充滿海洋風情的作品油然而生。

變換

易於塑形的鉛版，

帶著金屬材質特有的剛毅感，

您可隨著心情，不用太過拘泥，

隨意地設計出您心中想要呈現的氛圍。

植物：

1. 久米里……………………P152
2. 黃麗……………………P169
3. 金色光輝…………………P152
4. 黃金萬年草………………P170

介質材料 & 工具：
栽培介質
水苔
發泡煉石
鐵絲（20#、18#）

容器：
鉛版（或易彎折的鐵片）

設計理念

利用一塊毫不起眼的鉛版或是將要丟棄的鐵片，隨意折疊出帶有凹槽的形狀。將同為黃色系的黃麗、黃金光輝，搭配亮綠色的久米里與其結合。作品協調中帶點突出，也讓冷色調的金屬多一份溫暖的味道。

維護重點

適合室外全日照環境，栽培介質乾了再澆水。因金屬會吸熱，導致水分蒸散速度較快，應注意澆水次數。

01.

先在鉛版左側角落將帶土球的黃金萬年草以 45 度角植入，此舉具有擋住缺口、介質的作用。

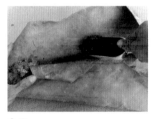

02.

接著加入發泡煉石以增加排水性，再加入栽培介質。

03.

將黃麗由小到大依序植入，注意要把植物最漂亮的面朝向自己，最後再取一小撮黃金萬年草植入黃麗旁。

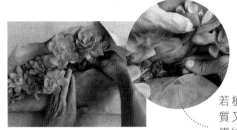

若植株過重,介質又少時,可用鐵絲作假固定。

04.

把最大株的黃麗植入,讓視線往中間的焦點區放大。再取黃金萬年草植入點綴,並將介質往左輕輕壓實。

05.

取久米里調整出高低層次後植入。記得要順著鉛版的形狀,沿著弧度往右下方種植。

以鐵絲做固定。

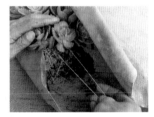

06.

完成後,接著以金色光輝填滿前方的空白處,再以黃金萬年草點綴。

07.

補上較小株的久米里營造顏色變化,可用一根較長的18#鐵絲穿入,以固定介質。

08.

在下方植入金色光輝做收尾,記得要沿著上一棵的弧度下來。

FINISH

09.

內角補上黃金萬年草,前方空位處以黃麗填滿後,再以鐵絲做固定,把介質壓實。

10.

以帶土團的黃金萬年草做收尾,再加鐵絲固定。

一般長形盆器會把焦點放在正中央,以至於顯得很制式,但透過植株大小作視覺引導,整體就會顯得自然又協調。

午後悠閒

一張椅子，一本書，一杯茶，

悠閒的午後時光，在花園裡恣意漫步、拈花惹草，

想必這輕鬆的時光，獨自倘佯在一個人的小天地，

是多麼的自在。

材 料

植物：

① 台灣景天 ························· P171

② 祇園之舞 ························· P152

③ 雀利 ······························ P171

④ 櫻吹雪 ··························· P176

⑤ 妮可莎娜 ························· P154

⑥ 母子蓮 ··························· P165

⑦ 粉紅佳人 ························· P160

⑧ 小圓刀 ··························· P150

介質材料 & 工具：

水苔

鐵絲（18#、20#、24#）

容器：

小鐵椅

設 計 理 念

作品不大，所以考驗的是細緻度，以小型的母子蓮、櫻吹雪、雀利、台灣景天等多肉植物，來營造出椅子坐墊的柔軟度；利用中型大小的粉紅佳人、祇園之舞、妮可莎娜等植株作為主體，搭配小圓刀以增加醒目的動線感。

維 護 重 點

適合室外全日照環境，栽培介質以水苔為主，因此澆水別過度潮濕。

12. 午後悠閒

01.
先用 24# 鐵絲綁住祇園之舞的莖部。

02.
再把連結好的祇園之舞綁在小椅子上，確實固定。

03.
將植物的面調整好後，在底部補上水苔，並以 U 形釘確實固定好。

04.
接著在左方植入台灣景天，並作假固定，再以水苔確實固定。

05.
在台灣景天前方種植櫻吹雪，種植時要一面把水苔壓實。

假固定後加水苔壓實，然後以 U 形釘固定。

06.
在祇園之舞後方植入妮可莎娜。

07.
取一段小圓刀種植於祇園之舞與妮可莎娜的空隙中，再把雀利補上做收尾。

加水苔壓實。

08.

種上妮可莎娜,加水苔後壓實,再以鐵絲固定。

09.

轉正面後,將粉紅佳人植入,用一根較長的鐵絲從主體穿過作固定,鐵絲長度以穿過不露出為原則。

10.

左方以母子蓮做收邊,並以U形釘確實固定。

11.

右前方以雀利往前做收邊的動作,並以水苔壓實、固定。

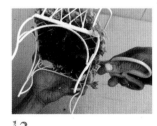

12.

翻到下方,以剪刀把參差不齊的水苔修飾平整。

FINISH

柔軟的多肉坐墊就完成了。植株越小所做出的效果會愈細緻,但相對的也較費工,需要多點耐性喔!

籠

關的是想逃的一顆心，
亦或是一份安逸的心情。
穿過籠間的縫隙 逃脫般的延伸，
堅定直立的站好崗位，
挑戰與安逸總站在對等面，
等著你的抉擇。

材 料

植物：

❶ 姬仙女之舞·············P165

❷ 千里月·················P174

❸ 紫式部·················P164

❹ 大銀明色···············P157

❺ 斑葉佛甲草·············P171

❻ 夕波·················P175

❼ 春萌·················P169

介質材料 & 工具：

水苔
栽培介質
鐵絲（20#、18#）

容器：

籠子。（挑選籠子時，門越大，
操作時會較方便。）

設 計 理 念	維 護 重 點

姬仙女之舞的婷婷直立剛好占據了籠裡的空間，使得整個籠子不會顯得空洞。下垂的千里月讓死板的籠子增加了動感而不死板。

適合室外全日照環境，以吊掛或直接擺設生活空間一隅都可以，吊掛時注意通風以及澆水次數。

13. 籠

先用鐵絲做假
固定，再補上
水苔壓實。

01.
由籠子最內側開始，先取最
細的斑葉佛甲草，連著土團
直接種植於籠子的邊緣，旁
邊再加上千里月。

02.
往籠子內側的方向植
入紫式部。

03.
接著補上一棵紫式部，讓此
區塊的型態、顏色更飽滿。

04.
紫式部後方的空隙以斑葉佛
甲草補滿，並加水苔壓實固
定。

05.
兩棵紫式部的空隙間，以直
立式的夕波填滿縫隙，此舉
可讓線條往上延伸。

06.
右側植入春萌，假固定後再
加水苔，壓緊後固定。

07.
植入大銀明色，讓作品的顏
色與型態跳脫出來。接著選
取千里月從籠內向外延伸，
先行假固定，再加水苔壓實。

08.
下方以斑葉佛甲草補滿空
隙，完成後加水苔壓實，確
實固定好。

10.

接著以較高,形態具有線條
的春萌從籠內往外延伸。

先行作假固定,再以
鐵絲跟姬仙女之舞做
連結,固定在土團
上,左側植入較小型
的姬仙女之舞。

09.

最重要的主體部分,請挑選
約占籠子 2 / 3 高度的植
株,讓籠子有滿的感覺卻又
不會有壓迫感。把帶土團的
姬仙女之舞種植於籠中,視
介質的高度調整土團大小,
可用較粗的鐵線與做好的前
半部作固定。

11.

右下方再以斑葉佛甲草補
滿,讓佛甲草整個蓋住土團。
兩株春萌的縫隙間,以夕波
填補空隙。

12.

再轉到左側,在姬仙女之舞
下方同樣以斑葉佛甲草蓋住
土團。

13.

補上水苔,確實往裡面壓實,
再以鐵絲固定好。接著植入
另一棵更小的姬仙女之舞,
讓上中下產生共同的關聯
性。

14.

以細碎的斑葉佛甲草把土團
確實蓋住。

15.

植入大銀明色,先作假固
定,再加入水苔並壓實。

13. 籠

16.
把較長的千里月由內往外作延伸，下方再植入斑葉佛甲草。

17.
以斑葉佛甲草收尾，最後再把較小的大銀明色植入，即完成了。

FINISH

具有較為粗曠形象的姬仙女之舞與千里月，透過不同植株大小作視覺上的引導，讓整體作品產生連貫性與一致性。

豐盛

多層次的色彩設計，

大小品系錯落有致，

搭配帶有歐洲風格的盆器，

一場豐盛的饗宴，正式展開。

植物：

❶ 高加索景天·····················P171

❷ 斑葉嬰兒景天·················P170

❸ 黛比·····························P161

❹ 虹之玉錦·······················P168

❺ 虹之玉··························P168

❻ 蔓蓮·····························P160

❼ 姬朧月··························P162

❽ 乙女心··························P168

介質材料 & 工具：

水苔、栽培介質

鐵絲（20#、18#、24#）

容器：

較淺的盆器

設計理念

以外形搶眼的黛比為主要焦點，搭配上蔓蓮、虹之玉、斑葉嬰兒景天，展現出多種顏色層次，營造出繽紛熱鬧的氛圍。

維護重點

適合室外全日照環境，由於盆器的排水孔較小，介質少，澆水時請拿捏澆水次數及分量。

作法

01.

為防止種植妥當的植物移動，建議先將二根較長的18# 鐵絲對折後穿入中間的排水孔。

上方留一段 U 形鐵絲在盆上，不要完全插入排水孔中。完成後把鐵絲往外稍微扳開。

02.

將帶有些許土團的主角黛比放置於兩根鐵絲之間，把鐵絲往土團夾緊，再以 24# 鐵絲將黛比與鐵絲綁牢，確保主體固定不動。

03.

接著再取棵黛比種在旁邊，先作假固定，再用栽培介質填補兩植株間的空隙，並稍微壓實。

04.

取一小段斑葉嬰兒景天種植於兩主體間，外圍再取一小搓高加索景天填補植物與盆間的空隙，最後加入介質壓實固定。

補上栽培介質，再加一些水苔，壓實固定。

05.

接著取虹之玉、虹之玉錦植入兩株主體間，以增加色彩的豐富度。

06.

加些栽培介質，稍微做出一點高度，以讓植物呈現出弧度。

07.

植入姬朧月，先把栽培介質壓實，再補水苔，接著以鐵絲固定。

08.

植入斑葉嬰兒景天，透過對比色可相互突顯鄰近植物。

09.

將與姬朧月同色系的乙女心植入，視覺上形成紅色區塊往右延伸，最後再補上虹之玉來突顯乙女心。

10.

轉到右上方植入第三棵主體（黛比），並以鐵絲做假固定。

11.

周圍先植上一圈斑葉嬰兒景天，接著取一根較長的鐵絲折成ㄩ形，由外往中間主體做固定。

12.

作品完成一半時，取一根較長的ㄩ形釘由中間的主體往外作固定。可補1～3根往不同方向固定。

13.

將姬朧月植入，先行假固定。接著在盆緣縫隙處植入形態較小的蔓蓮。

14.

將斑葉嬰兒景天、虹之玉與虹之玉錦植入，並作好壓實固定。

15.

最後，以大片的蔓蓮做收尾，重複基本的壓實固定動作。

16.
部分小空隙可植入虹之玉作
點綴，視覺上呈現出多種層
次的綠。

17.
宛若豐盛的水果
拼盤，營造出繽
紛的視覺享受。

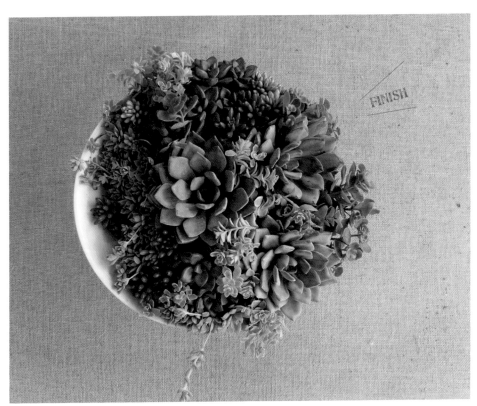

心花朵朵

簡單的心形藤圈，

從中躍出朵朵綠意，

運用點巧思，

就能讓作品呈現不同的心情風景。

材 料

植物：

① 紅相生蓮⋯⋯⋯⋯⋯⋯⋯⋯P156

② 雀利⋯⋯⋯⋯⋯⋯⋯⋯⋯⋯P171

③ 愛之蔓錦⋯⋯⋯⋯⋯⋯⋯⋯P178

④ 愛之蔓⋯⋯⋯⋯⋯⋯⋯⋯⋯P178

介質材料 & 工具：

水苔

鐵絲（18#、20#、24#）

容器：

心形藤圈

設 計 理 念

選擇一大一小的紅相生蓮作為主體，配合心形葉片的愛之蔓錦，以綠色的雀利作襯底，讓人一眼就能明瞭作品所要呈現的意象。

看著它，您的心花是否也朵朵開了呢？

維 護 重 點

適合室外全日照的牆面，由於介質少，需注意澆水次數。水苔乾了再澆，或是噴濕水苔表面數次。

15. 心花朵朵

作法

01.
先在藤圈中心下方鋪上一層薄薄的水苔。

02.
接著將愛之蔓錦，連同零餘子鋪在水苔上。

03.
依序補上具垂墜效果的愛之蔓錦與愛之蔓。

取較細的 24# 鐵絲將紅相生蓮固定在藤圈上。

04.
取株外形較小的紅相生蓮種植於愛之蔓上方。

05.
下方縫隙處以雀利把空隙補滿。

先行作假固定，再以水苔壓實固定。

06.
將較大朵的紅相生蓮植入右方的空缺位置。

以 24# 鐵絲將莖底部的土團綁在藤圈上，若一根無法固定，可多綁幾根。

07.
將前方紅相生蓮與藤間的縫隙以雀利補滿。

若縫隙間沒有介質，可作假固定，另一方面，利用水苔等將縫隙填滿。

土壤介質外漏的部分，要以水苔做覆蓋、利用鐵絲作固定，以免介質流失。

08.

由於此作品是掛飾，吊掛起來後方會被擋住，所以可只補水苔，以免澆水時介質流失，也可補些雀利，同樣具有相同效果。

09.

最後，調整一下愛之蔓的方向，若不想僅是呈現出垂墜感，您也可作出向上攀爬的效果。

10.

只要將愛之蔓拉到所要位置，再以鐵絲固定莖部即可。

FINISH

雖只有簡單的幾種植物，但這作品所要呈現的氛圍完全到位，確實能讓人心花朵朵開喔！

枯木逢春

廢棄的木頭，雖有些微蟲蛀痕跡，

但形成了獨特的自然紋路及質感。

信手拈來重新作個組合，就成了與眾不同的盆器，

也讓老木頭重獲新生。

材料

植物：

介質材料 & 工具：

發泡煉石
栽培介質
水苔
鐵絲（18#、20#）

容器：

廢棄枯木

設計理念

外形大器的綠霓，搭配重獲新生的舊木料，充分表現出蓬勃的生命力。在作品一隅，巧妙安排生命力強的蕾絲姑娘，呼應了枯木逢春的主題。

維護重點

適合室外全日照環境，由於介質較少，所以可經常澆水。

16. 枯木逢春

作法

01.
先把發泡煉石填入樹洞中，約至八分滿。

02.
將三棵綠霓的土團稍微剝除掉一些，壓成可種入樹洞的大小，種入樹洞中後，加些栽培介質壓實，上半部便完成。

03.
下方右側部分，先把較高的花月錦種植於預留的空間內。

04.
前方與木頭的空隙間，植入秋麗，左側種植上蝴蝶之舞錦、蕾絲姑娘及花簪。

05.
右方植入花簪。

以假固定方式確實固定。

06.
由上往下把空缺處補滿花簪。

07.
作品左側部分，先在靠近主體的縫隙種植蕾絲姑娘。

08.
再於左方樹洞中種上較小株的蕾絲姑娘，營造出不定芽掉下後長成的樣子。

09.

前方細縫處，同樣取蕾絲姑
娘的小苗以鐵絲稍微固定。
由於木頭會吸水，所以即便
沒有介質也不用擔心。況且
蕾絲姑娘具超強生命力，沒
有介質反而限制其生長，不
會長得過大。

FINISH

原本了無生意的枯木，透
過與多肉植物的結合，頓
時改頭換面，成為一個生
機盎然的作品，枯與榮之
間相互輝映。

跳脫

換個方式，跳脫既定思維，
誰說植物一定要種植在盆器裡。
依據不同盆器特色來與植物作結合，
將展現出令人出乎意料的驚喜。

材料

植物：

❶ 大銀明色···················P157

❷ 臥地延命草···············P177

❸ 昭和·······················P165

❹ 秋麗·······················P162

❺ 姬朧月·····················P162

介質材料 & 工具：

水苔

鐵絲（18#、20#、24#）

容器：

造型盆器

設計理念

利用大銀明色黑紅帶點銀色的獨特顏色，與灰色盆器形成強烈反差，經過巧妙的安排後，原本素雅的盆器瞬間成了目光焦點。

維護重點

適合室外全日照環境，由於介質少，因此澆水次數可增加。

17. 跳脫

作法

01.
取 24# 鐵絲穿過盆器下方的籐編處空隙，接著將兩端拉出備用。

02.
將最大的主體大銀明色去除土團後，利用剛才穿好的鐵絲綁牢。

03.
下方莖的部位可加些水苔，壓實後以鐵絲把水苔固定住。

04.
在大銀明色右側植入一些臥地延命草，記得要將主體的面向外頂出來，才不會太過緊貼盆器，造成壓迫。

05.
接著在大銀明色左側植入些許昭和做收尾動作。記得先行假固定，再加水苔確實壓實。

06.
在主體右上方植入第二株大銀明色，切記要讓它的面稍微朝上，下方再補上臥地延命草，以鐵絲確實固定。

07.
在兩株主角中間，植入秋麗以襯托出主角的顏色。

08.
接著以鐵絲先行假固定，再加水苔壓實固定。

09.
再植入一些臥地延命草，並作好固定動作。

10.

取植株較老的姬朧月,先行作假固定。

11.

為了增加視覺上的層次感,再取另一棵較小型的植株植入,整體看起來豐富度也較足夠。

12.

下方以昭和做收尾,由於植株較纖細,因此取用較細的鐵絲即可。

13.

雖然一棵棵細小的植株固定起來頗費工夫,但固定的作工越細,相對地作品的細緻度也會提升。

15.

下方再以臥地延命草將露出來的介質覆蓋住做收尾。

14.

兩株姬朧月間植入一棵較大的昭和,此安排可讓姬朧月的紅更加顯眼。

FINISH

透過反向思考,跳脫只能把植物種進盆器中的思維,如此一來,每種盆器都有不同的玩法,也能表現不同的美。

方寸之間

冬季暖陽下，手拿剪刀在花圃進行園藝工作，

不知不覺間，籃子裡就裝滿了各色的多肉寶石，

隨意地將它們栽植在馬口鐵裡，

雖簡單，但別具變化與趣味性。

材 料

介質材料 & 工具：

發泡煉石、栽培介質、各式石頭、少許馴鹿水苔

容器：

馬口鐵盆器

設 計 理 念

利用一個個小方馬口鐵盆，不必刻意安排，隨興地將多肉品系收集於方寸之間，您可隨著心情轉換，變化方格間的排列組合，創造不同驚喜。

維 護 重 點

有根的植株適合室外全日照環境，由於馬口鐵的盆器水分蒸散快，所以需注意澆水次數。扦插的芽適合明亮處，發根後再慢慢移至全日照。

作法

01.
因馬口鐵的排水孔較小,所以先以發泡煉石舖底,約至1／3高。

02.
再加入栽培介質,介質可依個人的管理方式作調配。

03.
加至約八分滿後,輕輕壓實。

04.
將植株小芽種植於盆器中央。剪下的芽亦可放置於通風陰涼處,等發根時再種植,或是剪下後等傷口乾了再種植。

05.
植入後,表面可依自己喜好,用石頭或者水苔做裝飾。

06.
加入點不同素材做裝飾,就能營造出不同氛圍。

FINISH

07.
貝殼砂會讓人聯想到海灘,是不錯的裝飾小物。

08.
亦可在同一盆器種植二、三顆多肉植株,將盆器填滿。

在排列組合間,透過不同的組合變化,能夠呈現與眾不同的風格,這是否也讓你回憶起小時候玩積木的那份童趣呢!

突破

素燒一直是很討喜的素材,

尤其是它的質樸與沒有過多的修飾,

縱使某些具有著不完美的缺角,

但植物沿著破損處拔地而生,

彷彿暗示著突破的生命力。

植物：

介質材料 & 工具：

發泡煉石、細沙
栽培介質、水苔
鐵絲（20#、18#）

容器：

素燒盤、素燒盆

設計理念

利用破損素燒盆的堆疊，讓植物沿
著缺口層層往下蔓延生長，創造出
如同流水般的線條，最下方安排德
雷為主體，以讓畫面在下方聚焦。

維護重點

適合室外全日照環境，由於底盤會
積水，需注意澆水的分量勿過多。

作法

01.

先在素燒盤上放一個尺寸較大的素燒盆，然後於盆上加些細砂，以讓素燒盆不會亂動。接著在盆內加入發泡煉石至1／3滿。

02.

將帶有土團的姬銀箭以斜切方式種在盆器缺口處，上方再植入姬朧月，若植株無土團，就作假固定，再補介質。

03.

接著於大素燒盆內填入栽培介質至九分滿，然後把小素燒盆放置於姬朧月後方，並往前稍微壓實。

04.

於姬朧月後方角落補上一小搓黃金萬年草，再把較高的筒花月種植於左後方（避開盆子缺口）。

以鐵絲將筒花月作假固定，再補上栽培介質壓實。

05.

前方植入立田鳳，並作假固定。

06.

於立田鳳前方植入黃金萬年草後，再將介質往後方壓實。

07.

剩餘空隙處，取帶土團的黃金萬年草補滿。

19. 突破

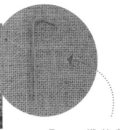

08.
從上方把兩支7字形鐵絲由排水孔往下插入介質中,以固定小素燒盆。

取18#鐵絲對折後,再摺成7字形,折兩支備用。

09.
讓彎折的部分卡住盆底,這樣一來盆器就不易移動。

10.
將發泡煉石、栽培介質填入小素燒盆,然後在缺口下方往上植入櫻吹雪。

11.
在櫻吹雪後方植入一棵姬朧月,後方空缺處補上細砂即可。

12.
取兩棵德雷植入下方素燒盤。可先用石頭或將素燒盆直立作假固定,再填入栽培介質固定。

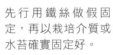

13.
縫隙間可補上有直立線條的星乙女,讓線條往外延伸。

先行用鐵絲做假固定,再以栽培介質或水苔確實固定好。

14.
於前方再補上一個小素燒盆,接著把一部分的素燒盆埋入土中做固定。

15.

在小盆前植上一棵櫻吹雪，
以讓盆子不會往前滾動，德
雷前方補上櫻吹雪作收尾。

16.

若覺得線條的延伸感不足，
可輕輕撥開想要種植的縫
隙，再補上星乙女。

17.

最後，將石頭錯落有致地排
列上去，再於表面鋪上一層
細貝殼砂。

FINISH

袋袋相傳

簡單的面紙袋，

加上一個塑膠盒，

竟帶來意外中的驚喜，

就讓這一袋美好，

傳遞著盎然綠意。

材料

植物：

① 錦乙女 ·························· P149

② 紐倫堡珍珠 ·················· P153

③ 秋麗 ·························· P162

介質材料 & 工具：

發泡煉石、栽培介質、水苔
鐵絲（20#、18#）、麻繩

容器：

面紙袋、塑膠空盒

設計理念

簡單利用麻製的面紙袋，讓秋麗往袋外延伸，以紐倫堡珍珠為主體，透過錦乙女鮮明的綠色，來襯托出粉嫩的主體。

維護重點

適合室外全日照環境，裡頭的塑膠盒若無排水孔，需注意澆水量，千萬別造成積水。

作法

01.

先將塑膠空盒裝入面紙袋中，也可利用寶特瓶剪成所需大小。高度在面紙袋的缺口下緣處，可於塑膠空盒底部打孔設計排水孔。

02.

於塑膠盒中填入發泡煉石增加排水性，再加入栽培介質至八分滿。

03.

利用具下垂性的秋麗作底，種植於面紙袋下方缺口，讓秋麗成 90 度垂墜。

04.

用鐵絲作假固定，再確實把
它固定於塑膠空盒內。

05.

上方種植紐倫堡珍珠，面朝
上約 45 度，以鐵絲作假固定
再確實固定好。

06.

接著植入錦乙女，以襯托兩
者的顏色與型態。

07.

最上方再補上一株紐倫堡珍
珠，先作假固定，再確實固
定住。

08.

在植物上方將面紙袋抓成
一束，藉此固定植物。

09.

取一段麻繩或拉菲草打個蝴
蝶結固定即完成。

FINISH

一個簡單且富
雜貨風格的作
品就隱藏於角
落裡，等待著
被發掘。

平凡

平凡也有簡單的美，

其表現雖是最基本的功夫，

卻潛藏其中的一分不平凡。

材料

植物：

1. 大銀明色 ……………………… P157
2. 蝴蝶之舞錦 …………………… P163
3. 姬秋麗 ………………………… P160
4. 德雷 …………………………… P153
5. 虹之玉 ………………………… P168
6. 秋麗 …………………………… P162
7. 水藻草（可用不死鳥錦替代）
8. 雀利 …………………………… P171

介質材料 & 工具：

棉布或麻布、發泡煉石、栽培介質
水苔、鐵絲（18#、20#）
馴鹿水苔或小石頭

容器：

鐵網籃

設 計 理 念

利用鐵網盆器來栽種，使德雷與大
銀明色的對比，讓兩者互相輝映、
凸顯對方。

維 護 重 點

適合室外全日照環境，栽培介質乾
了再澆水。

作法

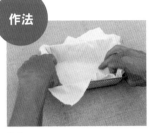

01.
先用棉布或麻布鋪底，後方
留長一些。也可鋪上一層薄
薄的水苔，以防止栽培介質
流失。

02.
鋪上一層發泡煉石以增加排
水性。

03.
接著再鋪上栽培介質至八分
滿左右。

04.
從最大的主體德雷開始，置
於盆子的 1／3 處，後方種
植較高的水藻草。

在土壤還無法
確實固定住植
物時，先以鐵
絲作假固定與
主體做連結。

05.
於前方角落處種植帶
土團的秋麗，把主體
德雷往秋麗方向壓實。

當植物會晃
動時，加鐵
絲確實固定。

06.
前方補上一小搓雀利，後方
則植入蝴蝶之舞錦。

07.
前方再種植虹之玉，先作假
固定，後方主體旁則種植雀
利。

08.
兩者的中間空隙處種植大銀
明色，同樣以鐵絲往主體方
向固定。

09.

以小型的姬秋麗做收尾，把土壤壓實以確保植物在根系還沒長穩定時不會晃動。

10.

種植好時，表面鋪上一層薄薄的水苔，轉到後面把較長的棉布或麻布往前翻蓋住後方的土壤。

11

同樣以 U 形釘穿過棉布或麻布固定。

12.

再轉到前面，以馴鹿水苔或石頭把表面空隙補滿。

FINISH

一個包含著基本功的簡單作品，涵蓋了配置、種植、顏色、型態等。看似平凡，但其所蘊含的特殊之處，就要由您來細心體會了。

包容

盆之所以為盆，是因能容納物品、有容乃大，

相同於「平凡」的鐵籃子，不一樣的思維，

呈現的又是截然不同的光景。

材　料

植物：

介質材料 & 工具：

棉布或麻布、栽培介質、水苔
鐵絲（18#、20#）

容器：

鐵網籃

設　計　理　念

一樣的長方鐵網盆器，不一樣的思
維、不一樣的運用，讓老樂的白，
在台灣景天的襯托下更顯耀眼。

維　護　重　點

適合室外全日照的環境，栽培介質
乾了再澆水。

作法

01.
取一小塊棉布或麻布置於網籃一隅,將最小的老樂種植於角落,以∪形釘扣住莖部穿過籃子,再把突出的鐵絲折彎扣住籃子,讓老樂固定在角落。

02.
下方補水苔,壓緊再以鐵絲固定住。接著於籃子的邊緣種植花麗,以鐵絲作假固定後再確實壓緊。

03.
最大的老樂當主體,植於花麗的前方,用鐵絲與固定住的老樂做連結。

04.
兩朵老樂中間,植入虹之玉錦,補水苔後確實壓實、固定。

05.
左方以細長群蠶做收尾並加些水苔,水苔不用多但要確實壓緊,塞得越多植物會被往上推起,反而會太大球而不服貼於盆器。

06.
用一根較長的鐵絲,扣住老樂往種植好的方向固定。

07.
下方再補上水苔壓緊、固定。

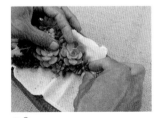

08.
兩朵老樂的中間種植櫻吹雪,此種植方式在園藝上稱為「三角種法」,很常運用到。

FINISH

前方縫隙以台灣景天做收尾。把介質蓋住,確實固定好,包覆容納在盆內的小天地就完成了。

反轉世界

同類型盆器，

不同的運用方式，

所帶來的就是不一樣的風情與感動。

材料

植物:

介質材料 & 工具:

水苔

栽培介質

鐵絲（18#、20#、24#）

容器:

鐵網籃

設計理念

同樣是鐵網盆器，翻個面，呈現的又是另一個世界。月光兔耳的直立線條，龍血的紅色動線，讓整個作品變得活潑。

維護重點

適合室外全日照環境，介質少，所以澆水的次數可增加。

作法

01.
將主體月光兔耳去除些許土團，以細鐵絲繞一圈綁住莖的底部。

02.
籃子轉至背面，把月光兔耳綁好的鐵絲穿過底部，綁緊固定。

03.
以老虎鉗確實把鐵絲綁緊，別拉得過緊，以免植物莖部被扭斷。

04.
再用另一根鐵絲，由上往下與之前的鐵絲成十字狀，確實把主體固定好。

05.
取中段的森之妖精，先作假固定，與月光兔耳做連結。

06.
補上水苔壓實，再以鐵絲做固定。

07.
前方種植銀星，先假固定後再加水苔壓實、固定好。

08.
於前方再種植另一棵銀星，先作假固定後加水苔確實固定，離主體固定部位越遠，鐵絲的長度要隨之增長，才能與主體連結而不易移動。

09.
有長度的龍血植於森之妖精與銀星間，較長的線條拉過兩銀星間，使其往前延伸。

10.
加水苔把介質壓實，確實固定好。

11.
銀星的左右兩側種植銘月，左方以銘月做收尾，蓋住介質確實固定。

12.
右方同左方，在前半部種植銘月，蓋住介質確實固定。

13.
轉到後方的部分，以台灣景天做收尾，蓋住介質確實作固定。

14.
轉到底部，把多餘的鐵絲修齊。

FINISH 即便是類似的盆器，用不同的方向思考，就會有不同的呈現方式，一體不僅只有兩面。

藤圈上的多肉

帶有一分原始野味的藤,

堅韌易於塑型,支撐力道強,

作為多肉花圈再適合不過了。

材料

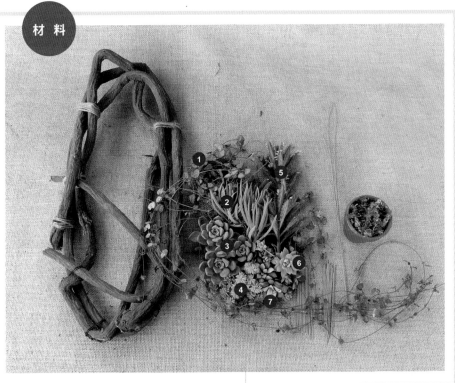

植物：

介質材料 & 工具：

水苔
栽培介質
鐵絲（18#、20#、24#）

容器：

藤圈

設計理念

藤這種材質易於塑型且具有強韌的
支撐力，能輕易塑造出想要的形
狀，透過金黃細碎的黃金萬年草，
為暗沉的藤彰顯出明亮感，而愛之
蔓則為整體作品帶了點野趣。

維護重點

適合室外全日照的牆面，介質少，
澆水次數可增加。

作法

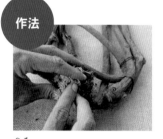

01.
在藤的空隙間，先植上帶土團的黃金萬年草（別介意下方的鏤空，先將桌面當盆底）。

02.
接著在萬年草上方種植作為主體的粉紅佳人，選擇主體時盡量找莖較粗、長的。

03.
取 24# 細鐵絲折成 U 形，把莖與藤綁在一起。

04.
若一根無法固定牢靠，可多加幾根直到確實把主體固定，綑綁時須小心別把莖弄斷。

05.
補上水苔壓實，水苔若沒壓實，乾燥時體積會縮小而容易鬆落。

06.
粉紅佳人以假固定方式，與固定好的主體做連結，抓住不動的主體本身也就不容易移動。

07.
於左上方種植櫻吹雪，以鐵絲加水草壓實、固定。

08.
將完成的部分壓實，再補上鐵絲固定。

09.
順著藤往上種植櫻吹雪、蔓蓮，細小的東西不好固定，需要耐心逐步作假固定。

10.

把不死鳥錦根部用細鐵絲綁在藤上，下方再以 U 形釘固定在已完成的水苔上。

11.

將愛之蔓去除土團，取零餘子固定在水苔上，一顆零餘子一般會有一段莖。

12.

以假固定方式先行固定蔓蓮。

13.

將去除土團的美空鉾一根根作假固定，再加上水苔固定在不死鳥前方。

14.

小縫隙以黃金萬年草填滿，做配色妝點。

15.

再以較大的粉紅佳人補足美空鉾的空隙，同樣先作假固定再加水苔壓實。

16.

上方補上帶土團的黃金萬年草與蔓蓮，把水苔覆蓋住做收尾。此時鐵絲是往下固定，長度也可長些，以看不到鐵絲露出即可。

FINISH

一個帶有粗曠味但細膩的多肉藤圈就完成了。

迷你花園

住在都市的我們，

想擁有個大花園是多麼難以達成的渴望，

既然沒那麼大的空間，那麼就把花園縮小吧！

材 料

植物：

介質材料 & 工具：

水苔、栽培介質
石頭、貝殼砂
鐵絲（18#、20#）、小磚塊

容器：

素燒盤

設 計 理 念

把花園裡的一小角迷你化，讓銀之太鼓充當大樹，黃金萬年草偽裝成草皮，十二之卷變身為大型龍舌蘭，一個迷你花園就油然而生了！

維 護 重 點

適合室外全日照，注意澆水的量，避免積水。

作法

01.
將銀之太鼓去除一半土團，讓土面與素燒盤的邊緣齊高，再填入栽培介質略為固定。需挑選略大，枝葉旺盛的銀之太鼓模擬大型灌木。

02.
前方種植十二之卷模擬大型龍舌蘭，先用鐵絲作假固定。

03.
前方以姬星美人鋪底，模擬地被的草皮或矮灌木叢，以鐵絲作假固定，與主體銀之太鼓做連結。

04.
後方的空隙處種植比十二之卷高，但比銀之太鼓矮的星乙女，以鐵絲做假固定。

05.
左側同樣種植星乙女，但此處植株要較右側低矮，如此迷你花園右半部就完成了。

06.
迷你花園左側部分，將黃金萬年草去除一半土團，讓高度與盆緣同高，上方約中間處先植入印地卡，以鐵絲作假固定。

07.
後方再植入比右邊主體略小的十二之卷，先作假固定後再取一小搓的黃金萬年草種植於後方。

08.
取一根較長的鐵絲，由後往前固定，讓這一大片草皮連成一塊。

09.
在手壓住的地方種植兩棵迷你蓮，然後沿著盆緣種植一片黃金萬年草，離盆緣稍遠的地方種植大和美尼，以鐵絲作假固定。

10.

大和美尼後方種植十二之卷，以鐵絲作假固定，加栽培介質把空處填至八分滿。

11.

在土壤處鋪上一層薄薄的水苔，防止石頭與介質混在一起。

12.

再鋪上一層細石頭或細砂。

13.

用迷你磚塊排出步道，後方鋪成空地的樣子。

14.

把較細的貝殼砂撒在磚塊上方。

15.

用刷子把貝殼砂輕撥到孔隙裡，填補隙縫時亦能固定磚塊。

FINISH

一個不需花費很多時間照料的迷你花園就完成了！擺上小椅子後，是否有想坐下喝杯咖啡、享受置身其中的愉悅呢？

玩石

是頑石也是玩石，

浮石的多孔隙、輕質量，

常被拿來做多方面的運用，

打個孔讓頑石也能輕易地變玩石！

材料

植物：

① 星影（綴化）⋯⋯⋯⋯⋯⋯⋯⋯ P154

② 仙人掌

③ 紅日傘⋯⋯⋯⋯⋯⋯⋯⋯⋯⋯ P152

④ 野兔耳⋯⋯⋯⋯⋯⋯⋯⋯⋯⋯ P164

介質材料 & 工具：

水苔

栽培介質

鐵絲（18#、20#）

馴鹿水苔

容器：

挖洞的石頭

設計理念

高的紅日傘、矮的星影（綴化）、胖的仙人掌、瘦的野兔耳，構成了一幅豐富的小世界，頑石也得點頭。

維護重點

適合室外全日照，介質少、澆水次數可增加。

作法

01.
用鑷子夾住仙人掌以免被刺到。

02.
用夾子把水苔壓實，固定好仙人掌。

03.
將報紙摺成條狀包住仙人掌，除了好操作外，也不會傷到植物。

04.
石頭的空隙處補上野兔耳，用水苔壓實。

05.
一方面利用水苔壓實，一方面用鐵絲固定，避免植物掉落。

06.
以馴鹿水苔蓋住水苔做裝飾，用小石頭亦可。

07.
加些不同顏色的水苔做跳色，雖只是小小變化，但卻會呈現出截然不同的效果。

08.
先鋪些水苔壓實，栽培介質亦可。

09.
種植兩小棵野兔耳，加些水苔壓實。

10.

接著種植較高的紅日傘,先
作假固定後再加水苔確實固
定。

11.

前方種植野兔耳,加水苔壓
實。

12.

以鐵絲作固定。固定的動作
是代替還未長好的根系,確
保植物不會移動。

13.

將與盆口等長的鐵絲由前方
往後固定,再取另一根由後
方往前固定。

14.

把表面用馴鹿水苔做裝飾,
蓋住土壤或水苔。

15.

將整株星影(綴化)占滿整
顆石頭,只需用水苔把空隙
補滿即可。

16.

用馴鹿水苔做裝飾,以鐵絲
固定即完成。

FINISH

簡單的作品,卻有濃濃的原始風味。

突圍

植物會隨著時間流逝而增長，

雖然限制了前進的方向，擋住了去路，

仍無法困住旺盛的生命力，

從中找到自己的出路。

材料

植物：

介質材料 & 工具：
水苔
栽培介質
鐵絲（18#、20#）

容器：
鐵籃子

設 計 理 念

利用廚房淘汰的鐵籃，搭配紫鸞刀的野、錦晃星的突出，讓多肉植物的生命力展現無遺。

維 護 重 點

適合室外全日照的環境，栽培介質乾了再澆水。

27. 突圍

01.
先在鐵籃子底部鋪上一層薄薄的水苔，防止栽培介質流失。

02.
把主體紫蠻刀種植於後方，斜的部分從中間孔隙穿出。

03.
將型態較扎實的錦晃星由上方植入紫蠻刀前方，再作假固定。

04.
將錦晃星去除土團，從中間縫隙把根部植入。

05.
調整好位置後以鐵絲作假固定。

06.
再種植一棵較小的錦晃星，調整好層次再作假固定，並以水苔壓實。

07.
以黃金萬年草做鋪底，蓋住栽培介質。

08.
取較小的紐倫堡珍珠由上方往下種植。

09.
將黃金萬年草植入錦晃星間的空隙，並作假固定。

10.

再種植較大的紐倫堡珍珠，高度較先前的高一些。

11.

取花簪以一小搓一小搓的分量，種植於前方空隙。

12.

加水苔壓實，再補上鐵絲作固定。

13.

後方的部分若是做單面擺飾，可用水苔蓋住栽培介質，再以鐵絲固定水苔即可。

14.

若要作為四面的擺飾，可用較細碎的景天類把介質蓋滿。

FINISH

一個不起眼的廢棄碗架也能輕易地成就為多肉植物的家！

「磚」情

平凡無奇的磚塊，

向來給人剛硬的感覺，

透過多肉植群的妝點，

似乎多了點溫柔的情感。

材料

植物：

介質材料 & 工具：
水苔、栽培介質
鐵絲（20#、22#）

容器：
磚塊（已挖洞）

設計理念

看似普通不過的磚塊，運用巧思，將帶有粉粉青綠色的銀風車與霜之朝作為主體來發揮，周圍以顏色深淺不定的黑王子、雀利、黃金萬年草等作點綴，頓時展現生意盎然的味道。

維護重點

適合室外全日照的環境，由於介質較少，建議可增加澆水次數。

作法

01.
將銀風車去土團後種植於洞穴邊緣。

02.
外圍加水苔壓實。

03.
接著在主體前方種植一棵較小型的黑王子。（根系要在洞裡面，加水苔壓實）

04.
再植入一棵較大的黑騎士於中央，記得先作假固定，再加水苔壓實。

05.
前方的空隙補上細長群蠶，讓作品色彩更有層次。

06.
再於黑騎士與細長群蠶間補上雀利，呈現出鮮明的跳色。

07.
接著補上一顆較大的黑王子，以鐵絲做假固定後加水苔壓實。

08.
周圍補上一小搓黃金萬年草點綴，增加色彩豐富度。

以鐵絲做假固定後，再加水苔壓實固定。

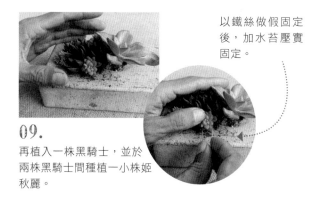

以鐵絲做假固定後，加水苔壓實固定。

09.

再植入一株黑騎士，並於兩株黑騎士間種植一小株姬秋麗。

10.

補上一撮黃金萬年草，並以鐵絲往介質較多的地方做固定。

11.

加入毛小玉作出線條往中間延伸，第一塊作品即完成了。

12.

另一塊洞口較小的磚頭以霜之朝做主體。先把三株霜之朝植入洞內。

13.

空隙處補上水苔壓實，再以鐵絲確實固定。

14.

周圍以黃金萬年草蓋住介質，並以鐵絲做固定，接著植入虹之玉作為配色。

15.

另一邊用雀利鋪底，並以鐵絲確實作固定。

FINISH

CHAPTER 3

280 款超人氣
多肉品種圖鑑

景天科

天錦章屬
Adromischus

葉片多為肥厚肉質，植株皆屬小型種，各品種間生長性狀大多相似。生長與繁殖速度較緩慢，但普遍易於照顧、栽培，繁殖可以葉插或胴切，適合在入秋後涼爽的季節進行。

天錦章
Adromischus cooperi
直立性叢生 / 小型種 / 葉插、胴切
有著肥胖飽滿的扇形葉片，葉片呈淺綠色，前端具深綠色斑點，葉緣則有淺色鑲邊。

天章
Adromischus cristatus
直立性叢生 / 小型種 / 葉插、胴切
扇形葉具明顯波浪狀，外觀為翠綠色，葉莖間容易長出大量橘色氣根，生長速度慢。

朱唇石
Adromischus marianiae 'Herrei'
短莖叢生 / 小型種 / 葉插、胴切
葉片外表凹凸不平充滿顆粒狀突出物，外型酷似苦瓜。繁殖使用葉插，但速度會較慢。

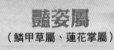

艷姿屬
（鱗甲草屬、蓮花掌屬）

Aeonium

生長季在秋至春較涼爽的季節，此時給予充分日照與水分，生長迅速。夏季植株進入休眠期，通常會出現落葉、葉片緊縮情況，此時給水要節制，且放置光線明亮通風處。

黑法師
Aeonium arboreum 'Atropureum'
直立性 / 中型種 / 胴切
日照充足時，葉色會從紅褐色轉變為紫紅色，若對植株限水，葉色會顯得較黑一些。

綠法師
Aeonium arboreum
直立性 / 中型種 / 胴切
黑法師原種，但綠法師翠綠色的葉子幾乎不變色，溫差大時葉尖會有咖啡色線條斑紋。

圓葉黑法師
Aeonium 'Cashmere Violet'
直立性 / 大型種 / 胴切
外觀類似黑法師，但葉形較寬大，葉片前端呈橢圓形，生長季葉片容易拉長，葉緣會輕微捲曲。

八尺鏡

Aeonium undulatum ssp. 'Pseudotabuliforme'

直立性 / 大型種 / 胴切

翠綠色的葉片幾乎不變色，休眠狀態時，葉片會緊縮層層貼合，整個傘頂變得很扎實。

夕映

Aeonium lancerottense

直立性 / 中型種 / 胴切

葉片有明顯紅邊，葉緣具細小鋸齒狀毛邊。日照充足時翠綠色葉片會帶點褐色。

三色夕映

Aeonium decorum fa. *Variegatum*

直立性 / 中型種 / 胴切

外觀生長性狀與夕映相同，但葉片會出現黃色至橘色的漸層色斑。

伊達法師

Aeonium 'Bronze Medal'

直立性 / 中型種 / 胴切

葉面具油亮質感，翠綠色的葉子中間會有褐色條紋，日照充足時葉片會變成褐色。

古奇雅

Aeonium goochiae

直立性 / 中型種 / 胴切

綠色葉片表面有絨毛質感，進入休眠狀態，葉片會緊縮層疊包覆，就像一朵綠色的玫瑰。

豔姿

Aeonium undulatum

直立性 / 大型種 / 胴切

綠色葉片鑲著紅邊，溫差大且日照充足時，葉片前端會出現褐色的線條紋路。

曝日

Aeonium urbicum 'Sunburst'

直立性 / 大型種 / 胴切

豔姿的覆輪品種，低溫季節接受充足日照，葉面錦斑會變得明顯，夏季則建議避開日光直射。

曝月

Aeonium urbicum cv. *Variegate* 'Moonburst'

直立性 / 大型種 / 胴切

豔姿的中斑品種，淺黃色的錦斑不規則出現在葉片中間，葉緣同樣具紅色鑲邊。

小人之祭

Aeonium sedifolium

直立性 / 小型種 / 胴切

綠色葉片具不規則紅褐色條紋，夏季休眠期建議避開日照直射，給予通風良好環境。

圓葉小人之祭
Aeonium sedifolium
直立性 / 小型種 / 胴切
外形與小人之祭相似，葉片為具厚度的棒狀葉，綠色葉片具紅褐色條紋，此款度夏較容易。

愛染錦
Aeonium domesticum
fa. *Variegata*
直立性 / 小型種 / 胴切
翠綠色葉片上具不規則白色或淺黃色錦斑，新葉錦斑比較黃，老葉的錦斑偏白，度夏較有難度。

鏡獅子
Aeonium nobile
直立性 / 大型種 / 胴切
葉緣具鋸齒狀毛邊，日照充足下葉片會帶點褐色，休眠狀態時全株轉變成褐色。

明鏡
Aeonium tabuliforme
短莖 / 中型種 / 胴切
葉片平貼緊密生長，葉緣具明顯絨毛。休眠期植株葉片緊縮變短，植株顯得更平面。

銀波錦屬
Cotyledon

葉片對生，多數品種葉面都鋪有厚實白粉，但熊童子這系列的葉片則布滿絨毛。大多數品種生長季節為春、秋兩季，冬季低溫生長速度緩慢，夏季則半休眠狀態，生長停滯。繁殖上多採用胴切方式，葉插容易只長根不發芽。

福娘
Cotyledon orbiculata 'Oophylla'
直立性 / 中型種 / 胴切
葉片鋪有白粉，葉尖至葉緣具紅色鑲邊。生長季在低溫季節，夏季高溫多濕易造成掉葉。

引火棒
Cotyledon orbiculata v.
oblonga 'Fire Sticks'
直立性 / 中型種 / 胴切
葉對生，前端葉緣會有輕微波浪狀，葉尖至葉緣有明顯的紅色鑲邊。

銀波錦
Cotyledon orbiculata 'Undulata'
直立性 / 中型種 / 胴切
葉緣具明顯波浪狀，全株鋪有白粉。可透過修剪促進分枝生長，使植株形成叢生姿態。

熊童子
Cotyledon tomentosa
ssp. *Ladismithensis*
直立性 / 中型種 / 胴切
綠色葉片布滿絨毛，鋸齒狀葉尖在低溫、日照充足下會變成紅色，像是擦了指甲油般。

黃斑熊童子
Cotyledon tomentosa
ssp. *Ladismithensis* f. *Variegata*
直立性 / 中型種 / 胴切
葉片中間會有不規則黃色錦斑，錦斑的部分會因個體而有所差異。

白斑熊童子
Cotyledon tomentosa
ssp. *Ladismithensis* f. *Variegate*
直立性 / 中型種 / 胴切
白色錦斑不規則出現在葉緣兩側。栽培上忌高溫多濕，夏季植株容易折損，栽培有難度。

青鎖龍屬
Crassula
葉對生，各品種間外觀特性差異頗大。此屬多肉較無明顯休眠期，幾乎全年都會生長，但冬季低溫生長較緩慢。繁殖多採胴切、枝條扦插，適合在春、秋兩季進行繁殖。

火祭
Crassula Americana 'Flame'
匍匐叢生 / 中型種 / 胴切
葉片互生，綠色葉片在低溫、日照充足下會轉變成火紅色。易出現錦斑品種，也會出現呈旋轉葉形的變異。

花簪
Crassula exilis ssp. *cooperi*
叢生 / 小型種 / 胴切
分枝良好易叢生，葉片布滿褐色細小斑點，日照充足環境植株會比較緊密扎實。

青鎖龍
Crassula muscosa
直立性叢生 / 小型種 / 胴切
青鎖龍細小的綠色葉片向上堆疊生長。植株枝條長高容易伏倒，可修剪促進新芽生長或重新扦插。

錦乙女
Crassula sarmentosa f. *Variegata*
直立性叢生 / 中型種 / 胴切
葉緣有明顯鋸齒狀，葉片兩側有黃色錦斑，鮮明的對比色很適合運用在組合作品中。

星乙女
Crassula perforata Thunb
直立性叢生 / 中型種 / 胴切
葉緣有淺淺的粉紅色澤，低溫、日照充足下紅邊會更明顯，非常容易扦插繁殖。

南十字星錦
Crassula perforata 'Variegata'
直立性叢生 / 中型種 / 胴切
外觀類似星乙女，但葉片顯得更薄，錦斑在低溫季節才會顯現，夏季外觀幾乎全綠無錦斑。

星之王子
Crassula conjuncta
直立性叢生 / 中型種 / 胴切
體型較星乙女大，綠色葉片顯得厚實粉白，而且有明顯的紅色鑲邊。

小米星
Crassula 'Tom Thumb'
直立性叢生 / 小型種 / 胴切
三角形葉片胖而厚實，有明顯紅邊，外型很可愛，分枝良好易叢生。

小圓刀
Crassula rogersii
直立性叢生 / 中型種 / 胴切
葉面有絨毛質感，綠色葉片幾乎不會變色，日照充足環境下葉色較為淺綠。

波尼亞
Crassula browniana
叢生 / 小型種 / 胴切
葉片布滿絨毛，紅褐色的莖與綠葉形成對比。生長快速分枝性良好，是一款輕鬆就能爆盆的多肉。

佐保姬
Crassula mesembryanthoides ssp. Hispida
匍匐叢生 / 中型種 / 胴切
葉片布滿絨毛，綠葉在日照充足下會轉為黃綠色。春天會伸出長長的花梗，開出白色小花。

銀箭
Crassula mesembryanthoides
直立性叢生 / 中型種 / 胴切
葉片層疊對生、布滿絨毛，葉片幾乎不變色，夏天高溫多濕容易造成葉面的鏽病產生。

姬銀箭
Crassula remota
蔓性叢生 / 小型種 / 胴切
也稱作星公主，葉片布滿白色絨毛，日照充足植株顯得緊密，絨毛會變得明顯。

筒花月
Crassuls ovata Gollum
直立性 / 中型種 / 胴切
因筒狀的葉形，也被稱作「史瑞克耳朵」。綠葉在前端會有紅色色塊，溫差大的季節尤其明顯。

知更鳥
Crassula arborescens ssp. undulatifolia 'Blue Bird'
直立性 / 大型種 / 胴切
菱形狀狹長的葉片鋪著白粉，葉薄且葉緣有紅色鑲邊，低溫季節紅邊會更明顯。

花月錦
Crassula ovata Tricolor varieg
直立性 / 中型種 / 胴切
花月的錦斑品種，白色的線狀錦斑
不規則分布，日照充足錦斑會出現
桃紅色澤。

神刀
Crassula falcata
直立性 / 大型種 / 胴切
葉片布滿白色絨毛，外觀呈淺綠
色。栽培上切忌高溫潮濕，否則葉
面容易出現鏽病。

茜之塔
Crassula tabularis
蔓性叢生 / 小型種 / 胴切
葉互生，墨綠色葉片若日照充足會
變成褐色，葉背會轉變成紅色。

擬石蓮屬
Echeveria

擬石蓮屬種類繁多，具明顯
花朵般蓮座外觀，一般統稱
石蓮。生長期多為春、秋兩
季。此屬大多強健好照顧，
介質以排水良好通氣性為佳。
繁殖可使用葉插、側芽扦插
或胴切。

七福神
Echeveria Imbricata
直立性蓮座 / 中型種 / 側芽、胴切
葉片具明顯葉尖，會排成圓形蓮
座，又稱觀音蓮座。溫差大的季節
葉緣會出現紅邊。

玉蝶
Echeveria runyonii
蓮座 / 中型種 / 葉插、側芽、胴切
灰白色外觀帶點淺藍色，若日照充
足會顯得更白。容易在老化的莖幹
長出側芽。

特葉玉蝶
Echeveria runyonii 'Topsy Turvy'
蓮座 / 中型種 / 葉插、側芽、胴切
有特殊的反葉，藍灰色葉片有明顯
白粉，棒狀的葉尖看起來像心形。
栽培上生長快速、體質強健。

初戀
Echeveria 'Huthspinke'
蓮座 / 中型種 / 葉插、側芽、胴切
溫差大、日照充足下會變成桃紅
色，夏季高溫時植株則呈灰白色，
是一品漂亮的粉紅色系多肉。

老樂
Echeveria peacockii 'Subsessilis'
直立性蓮座 / 中型種 / 葉插、側芽、胴切
藍色葉片鋪著一層白粉，低溫季節
葉緣會帶點粉紅色，是標準的蓮座
型景天。

祇園之舞
Echeveria shaviana 'Truffles'
蓮座 / 中型種 / 葉插、胴切
又稱莎薇娜，波浪般捲曲皺褶的葉
緣是其最大特色。白色葉片在溫差
大時會變成粉紅色。

粉紅莎薇娜
Echeveria shaviana 'Pink Frills'
蓮座 / 中型種 / 葉插、胴切
波浪皺褶的葉緣與祇園之舞相似，
但其葉片比較狹長，且外觀是明顯
的紫粉紅色。

金色光輝
Echeveria 'Golden Glow'
直立性蓮座 / 中型種 / 葉插、胴切
具狹長內凹的劍形葉子，溫差大的
季節接受充足日照會變成黃綠色，
葉緣會轉變成橘紅色。

花月夜
Echeveria pulidonis
蓮座 / 中型種 / 葉插、胴切
外觀帶點天藍色，葉尖與葉緣薄得
透光。溫差大、日照充足葉尖與葉
緣會出現紅色鑲邊。

花麗
Echeveria pulidonis
蓮座 / 中型種 / 葉插、胴切
為花月夜的變異個體，葉片較厚
實，葉尖延伸到葉緣有明顯紅邊是
最大差異處。

樹狀石蓮
Echeveria 'Hulemms's Minnie
Belle'
直立性 / 中型種 / 葉插、胴切
葉片有明顯稜紋，另有變異個體，
台灣稱作「森之妖精」。

久米里
Echeveria spectabilis
直立性 / 中型種 / 葉插、側芽、胴切
油亮的葉面是其一大特色，翠綠色
的葉片若日照充足葉緣會有明顯的
橘紅色漸層。

紅日傘
Echeveria 'Benihigasa'
直立性 / 中型種 / 葉插、胴切
菱形的薄葉外觀顯得特別，灰綠色
葉片呈波浪狀，溫差大時會出現漸
層的紅邊。

桃之嬌
Echeveria 'Peach Pride'
直立性蓮座 / 中型種 / 葉插、胴切
圓形內凹的葉片是其特色，粉綠色
的葉子有明顯葉尖，葉尖在溫差大
時會轉為紅色。

丸葉紅司

Echeveria nodulosa
'Maruba Benitsukasa'
直立性蓮座 / 中型種 / 葉插、胴切
橢圓形葉片一年四季都是顯眼的紫
紅色，成熟的植株在低溫季節葉面
中間會長出瘤狀物。

紅司

Echeveria nodulosa
直立性蓮座 / 中型種 / 葉插、胴切
有著灰綠色的狹長葉子，葉緣有紅
邊、葉面則有紅色稜線。

德雷

Echeveria Derex
**直立型蓮座 / 大型種 / 葉插、側芽、
胴切**
葉片呈淺綠色，低溫、日照充足環
境下，成熟植株會變成又橘又綠的
特殊顏色。

紐倫堡珍珠

Echeveria 'Perle von Nurnberg'
直立性蓮座 / 中型種 / 葉插、胴切
紫灰色外觀帶著淡淡的粉紅色，日
照充足下植株會顯得更粉紅。

白閃冠

Echeveria 'Bombycina'
直立性蓮座 / 中型種 / 葉插、胴切
綠色葉片布滿白色絨毛，低溫季節
若日照充足會有輕微的紅邊，給予
充足日照會加強絨毛的表現。

錦晃星

Echeveria pulvinata 'Ruby'
直立性蓮座 / 中型種 / 葉插、胴切
厚實感十足的葉片布滿短絨毛，溫
差大時綠色葉緣會轉紅，粗壯的莖
容易長高呈樹狀。

銀晃星

Echeveria pulvinata Frosty
直立性蓮座 / 中型種 / 葉插、胴切
葉片布滿短而密集的白色絨毛，栽
培上保持通風良好、水株不留葉片
上，可降低鏽病機會。

紅輝壽

Echeveria pilosa
直立性蓮座 / 中型種 / 葉插、胴切
葉片比較狹長，溫差大的季節，在
日照充足下會出現紅色鑲邊。

杜里萬蓮

Echeveria tolimanensis
蓮座 / 中型種 / 葉插、胴切
葉片具明顯葉尖、稜紋，灰紫色外
觀布滿白粉。葉片緊密排列形成低
矮的蓮座，好照顧但生長緩慢。

大和美尼
Echeveria 'Yamatomini'
蓮座群生 / 小型種 / 葉插、側芽、胴切

日照充足下葉緣會呈紅色，葉背會出現紅色條紋，容易生長側芽形成群生。

大和錦
Echeveria purpusorum
蓮座 / 中型種 / 葉插、胴切

葉片厚實，上頭布滿灰白色錦斑，葉緣會有紅邊。該品種夏季要避免日照直射以免曬傷。

星影
Echeveria potosina
蓮座 / 小型種 / 葉插、胴切

具藍綠色狹長的葉片，外觀是低矮緊貼介質生長的蓮座，容易在基部生長側芽形成群生姿態，容易出現綴化。

女雛（紅邊石蓮）
Echeveria mebina
蓮座群生 / 小型種 / 葉插、胴切

最大特色是葉尖至葉緣有明顯紅邊，日照充足會強化紅邊特性，容易生長側芽形成群生姿態。

妮可莎娜
Echeveria 'Nicksana'
直立性蓮座 / 小型種 / 葉插、胴切

短胖的葉片緊密排列生長，淺綠色葉片有淡粉紅鑲邊，會開出橘黃漸層的鈴鐺狀小花。

紅唇
Echeveria 'Bella'
蓮座 / 中型種 / 葉插、胴切

葉形狹長呈棒狀，綠色葉片布滿絨毛。葉尖到葉背呈紅色漸層色澤，日照充足會更明顯。

雪蓮
Echeveria laui
蓮座 / 大型種 / 葉插、胴切

葉片具圓弧外型、布滿厚實白粉，給予充足光線可強化葉面的白粉質感。

大雪蓮
Echeveria 'Laulindsa'
蓮座 / 大型種 / 葉插、胴切

葉面布滿厚實白粉，蓮座直徑可達30公分以上。生長較緩慢，春、秋兩季較快速，喜充足日照環境。

桃太郎
Echeveria 'Momotarou'
蓮座 / 大型種 / 葉插、胴切

綠色葉片有明顯紅色葉尖，溫差大時紅爪更明顯，大型種生長直徑可超過 20 公分。

白鬼

Echeveria shaviana ×
Echeveria runyonii
蓮座 / 大型種 / 葉插、側芽、胴切

莎薇娜與玉蝶的交配種。生長速度
快，葉插繁殖容易成功，適合在
春、秋兩季進行。

霜之鶴

Echeveria pallida
**直立性蓮座 / 大型種 / 葉插、側芽、
胴切**

綠葉在溫差大、日照充足環境下會
出現紅邊，莖幹與基部很會長側
芽，可以剪下進行繁殖。

綠霓

直立性蓮座 / 大型種 / 葉插、胴切

外型類似霜之鶴，但葉形較薄、狹
長。有明顯的紅邊，長勢與繁殖能
力旺盛。

白鳳

Echeveria 'Hakuhou'
直立性蓮座 / 大型種 / 葉插、胴切

葉片具湖水綠色澤，葉片上的白粉
容易因水沖刷或觸摸而掉落，成熟
植株葉緣會出現紅邊。

女王花笠

Echeveria 'Meridian'
直立性蓮座 / 大型種 / 葉插、胴切

葉片有明顯波浪狀，溫差大時葉面
會長出不規則瘤狀物。春天會抽出
花梗，可剪段扦插繁殖。

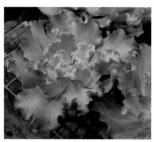

高砂之翁

Echeveria 'Takasagonookina'
**直立性蓮座 / 大型種 / 葉插、側芽、
胴切**

整體顏色呈淡粉紅色、葉片會向內
捲曲、葉緣呈波浪狀，葉面不會出
現瘤狀物，外型被戲稱是高麗菜。

藍弧

Echeveria 'Blue Curls'
**直立性蓮座 / 大型種 / 葉插、側芽、
胴切**

葉緣呈波浪狀、葉片本身並不會捲
曲，整體顏色偏藍綠色，溫差大時
植株生長會較緊密。

乙女之夢

Echeveria culibra
直立性蓮座 / 大型種 / 葉插、胴切

葉片會反向捲曲成筒狀，葉面有不
規則瘤狀物，容易長高形成主幹。

彩雕石

Echeveria 'Paul Bunyan'
直立性蓮座 / 大型種 / 葉插、胴切

藍綠色葉片具淺淺的粉紅色鑲邊，
成熟植株葉片中間會有瘤狀物，溫
差大時瘤狀物會更大。

狂野男爵
Echeveria 'Baron Bold'
直立型蓮座 / 大型種 / 葉插、胴切
成熟植株葉面上會出現塊狀瘤狀物，溫差大時瘤狀物會出現鮮紅色澤宛如滲血一般。

晚霞
Echeveria 'Afterglow'
直立性蓮座 / 大型種 / 葉插、胴切
粉紅帶著紫色的大型種景天，葉片寬大狹長呈劍形，成熟植株葉緣會呈現輕微波浪狀。

凱特
Echeveria cante
直立性蓮座 / 大型種 / 葉插、胴切
布滿厚實白粉的葉片是其最大特徵，日照充足下葉緣會轉紅，葉片則顯得白裡透紅。

魅惑之宵
Echeveria agavoides 'Lipstick'
蓮座 / 大型種 / 葉插、胴切
翠綠色葉片呈三角形，葉面光滑具油亮質感，有明顯紅色葉尖，溫差大時紅尖更為明顯。

紅相生蓮
Echeveria agavoides
蓮座 / 大型種 / 葉插、胴切
有明顯的紅色葉尖，溫差大、日照充足時葉緣也會轉紅。體質強健好照顧，唯獨夏天時要避免強烈的日照以免晒傷。

灰姑娘
Echeveria 'Grey Form'
蓮座 / 大型種 / 葉插、胴切
又稱深紋石蓮，紅褐色葉片肥厚狹長，葉面具明顯稜線紋。體質強健好照顧。

黑騎士
Echeveria 'Black Knight'
蓮座 / 中型種 / 葉插、胴切
有像獠牙般狹長的葉子，緊密排列形成蓮座，墨綠色的葉片在日照充足下顯得更黑。

黑王子
Echeveria 'Black Prince'
蓮座 / 中型種 / 葉插、胴切
外觀紅褐色，日照不足顏色容易轉綠而徒長，春天會開出鮮紅色的鈴鐺狀花朵。

野玫瑰之精
Echeveria mexensis 'Zalagosa'
蓮座 / 小型 / 葉插、胴切
藍綠色葉片與紅色葉尖形成亮麗對比，栽培於通風良好環境可減少植株軟爛死亡的情況。

黑爪野玫瑰之精
Echeveria cuspidata 'Zalagosa'
蓮座 / 中型 / 葉插、胴切
體型較野玫瑰之精大，深紅色葉尖是一大特色，溫差大、日照充足下葉尖顏色會變得更深。

迷你蓮
Echeveria prolifica
蓮座 / 小型 / 葉插、側芽、胴切
粉綠色外觀相當討喜，容易長出小芽，小芽與葉片觸碰易掉落，掉落的葉子容易發芽。

大銀明色
Echeveria carnicolor ×
Echeveria atropurpurea
蓮座 / 中型種 / 葉插、胴切
葉面質感特殊，像長滿粗糙的小顆粒，容易反光的葉子具塑膠質感，葉色呈咖啡紅色澤。

花筏
Echeveria 'Hanaikada'
蓮座 / 中型種 / 葉插、胴切
又稱紅旭鶴。墨綠色葉片具紫紅色葉緣，日照充足下會轉變成紫紅色。

花筏錦
Echeveria cv. hanaikada Variegata
蓮座 / 中型種 / 葉插、胴切
為花筏的錦斑品種，在台灣又稱福祥錦，紫紅色葉子與黃色的錦斑形成對比色。

銀武源
Echeveria 'Ginbugen'
蓮座 / 中型種 / 葉插、胴切
具淺藍色外觀，日照充足下會顯得有點銀白，葉面的粗糙質感會輕微反光。

澄江
Echeveria 'Sumie'
蓮座 / 中型種 / 葉插、胴切
具紫灰色外觀，日照充足下葉片會呈淺粉紅色澤。容易生長側芽形成叢生，成熟植株易開花。

銀明色
Echeveria carnicolor
蓮座 / 中型種 / 葉插、胴切
銀明色的外觀與銀武源相似，但葉面有顆粒狀的粗糙質感，葉色顯得較灰紫色。

綠色微笑
Echeveria 'Green smile'
蓮座 / 中型種 / 葉插、胴切
波浪狀葉緣具明顯紅邊，肥厚的葉片讓植株很有立體感。夏天要避開強烈的日照直射，以免曬傷。

魯貝拉

Echeveria agavoides var. 'Rubella'
蓮座 / 大型種 / 葉插、胴切

翠綠色葉片幾乎不會變色，生長速度快。夏天要避開強烈的日照直射，以免葉子曬傷。

小精蓮

Echeveria amoena ×
Echeveria expartriata Rose
蓮座群生 / 小型種 / 葉插、胴切

藍綠色葉片肥胖飽滿，葉面具光亮質感，有明顯紅色葉尖，葉子生長密集形成蓮座。

麗娜蓮

Echeveria lilacina
蓮座 / 大型種 / 葉插、胴切

葉片厚實具明顯葉尖，外觀鋪有白粉，日照充足下顯得白裡透紅，屬大型種蓮座。

蘿拉

Echeveria 'Lola'
蓮座 / 小型種 / 葉插、胴切

葉片具明顯葉尖，外觀幾乎呈雪白色，日照充足環境下會顯得白裡透紅。

歡樂女王

Echeveria 'Fun Queen'
蓮座 / 小型種 / 葉插、胴切

具藍綠色外觀，葉子與多數景天相比較薄。生長、繁殖速度較慢，此品種目前尚不普遍。

Tippy

Echeveria 'Tippy '
蓮座 / 中型種 / 葉插、胴切

具淺藍色外觀，葉片有明顯紅尖，低溫、日照充足環境下紅尖會變得更為明顯。

米納斯

Echeveria minas
蓮座 / 大型種 / 葉插、胴切

深綠色的葉子有著波浪皺褶的紅色葉緣，可生長直徑超過 20 公分的大型種。

赫斯特

Echeveria Herstal
蓮座 / 大型種 / 葉插、胴切

有著特殊的反葉，藍灰色的葉子幾乎不會變色，日照強的環境植株較顯白色。

瑪格莉特

Echeveria 'Margret Leppin'
蓮座 / 小型種 / 葉插、胴切

蓮座生長緊密又扎實，外觀是淺淺的綠色，日照充足葉尖會有粉紅色澤。

雪蓮╳特葉玉蝶

Echeveria 'Laulindsa' × *Echeveria ranyonii* 'Topsy Turvy'
蓮座 / 大型種 / 葉插、胴切
雪蓮與特葉玉蝶的交配品種，葉子
有著雪蓮的白粉質感，低溫季節葉
面會有粉紅色澤。

昂斯洛

Echeveria 'Onslow'
蓮座 / 小型種 / 葉插、胴切
蓮座生長扎實緊密，淺綠色的外觀
若日照充足會顯得較綠色。

七變化

Echeveria 'Hoveyi'
蓮座 / 大型種 / 葉插、胴切
成長過程葉子會出現錦斑導致葉子
變形出現多變的外觀，一般低溫生
長季變化較明顯。

紫羅蘭女王

Echeveria 'Violet Queen'
蓮座 / 中型種 / 葉插、胴切
外觀是淺淺的藍綠色，葉緣較薄，
低溫季節若日照充足會出現粉紅色
澤。

秋之霜

Echeveria 'Akinoshimo'
直立性蓮座 / 中型種 / 葉插、胴切
葉子狹長，外觀鋪著白粉呈現淺藍
色，低溫季節葉緣會出現粉紅色
澤，此品種易出現綴化現象。

墨西哥巨人

Echeveria 'Mexico Giant'
蓮座 / 大型種 / 葉插、胴切
外觀鋪滿白粉呈淺藍色，生長速度
較緩慢，但能生長直徑超過 30 公
分的大型種。

巧克力方磚

Echeveria 'Melaco'
直立性蓮座 / 中型種 / 葉插、胴切
葉片有著明顯的稜線紋，葉面有油
亮質感，日照充足顏色會呈咖啡色
偏紅。

風車草屬
Graptopetalum

此屬多肉體質強健好照顧，
可適應露天的栽培環境，幾
乎全年都在生長，無明顯休
眠期。幾乎都可使用葉插繁
殖，且成功率極高，也可用
胴切繁殖，入秋氣候涼爽時
成效較好。

朧月

Graptopetalum paraguayens
直立性 / 中型種 / 葉插、胴切
有食用石蓮的稱號，葉色灰白帶點
粉紅色，全年都可栽培，無需特別
照料也能生長良好。

銀天女
Graptopetalum rusbyi
蓮座 / 小型種 / 葉插、胴切
狹長的葉片有明顯葉尖,基部會長出側芽形成群生姿態,粉紫色的外觀是一大特色。

超五雄縞瓣
Graptopetalum pentandrum ssp. *Superbum*
直立性 / 中型種 / 葉插、胴切
具粉紫色外觀,葉片鋪有白粉,容易長高、但葉子的排列非常緊密。

美麗蓮 · 貝拉
Graptopetalum bellum
蓮座 / 中型種 / 葉插、側芽、胴切
葉片緊密排列,幾乎是貼著介質生長的蓮座,會開出 10 元硬幣大小的桃紅色花朵。

姬秋麗
Graptopetalum mendozae
直立性叢生 / 小型種 / 葉插、胴切
具淡粉紅色外觀。葉子經觸碰容易掉落,掉落的葉子容易發芽,經常長成滿盆的樣子。

蔓蓮
Graptopetalum macdougallii
蓮座群生 / 小型種 / 側芽、胴切
外觀呈淺藍綠色,日照充足下植株葉片會緊密包覆,容易長生側芽,春天會開出星狀的小花。

藍豆
Graptopetalum pachyphyllum Bluebean
直立性叢生 / 小型種 / 葉插、胴切
具渾圓肥胖的豆狀葉子,全株鋪有白粉,葉尖具深色的色點,外觀呈淺藍色,因此取名「藍豆」。

風車草屬 ╳擬石蓮屬
Graptoveria
風車草屬╳擬石蓮屬的多肉屬於雜交。這屬多肉基本上都好照顧,栽培上並無特別的難度,繁殖也很容易,葉插、胴切都適合,宜在入秋後進行。

粉紅佳人
Graptoveria 'Pink Pretty'
蓮座 / 中型種 / 葉插、胴切
淺淺的粉紅色外觀,低溫時外觀顯得比較粉白,葉尖有紅色暈染,夏季顯得比較粉紅帶點紫色。

白牡丹
Graptoveria 'Titubans'
直立性蓮座 / 中型種 / 葉插、胴切
朧月與靜夜的交配種,白色肥胖的葉子整齊排列,看起來就像一朵花。

紫丁香

Graptoveria Decairn
群生蓮座 / 中型種 / 葉插、胴切
狹長內凹的葉片有著明顯葉尖，通常為淺藍色外觀，但溫差大時葉尖會明顯轉紅。

銀星

Graptoveria 'Silver Star'
群生蓮座 / 小型種 / 葉插、側芽、胴切
具特別細長的葉尖，灰綠色的葉片質感特殊。陽光直射容易燒傷，群生植株需注意通風。

黛比

Graptoveria 'Debby'
蓮座 / 中型種 / 葉插、胴切
葉片是迷人的粉紅色帶點紫色，栽培上注意通風可降低爛葉的情況發生。

大盃宴

Graptoveria 'Bainesii'
直立性蓮座 / 大型種 / 葉插、胴切
葉片寬大而厚實，顏色灰藍帶點紅。粗壯的莖易長高形成骨幹，成熟的葉片顯得特別紫紅。

銀風車

Graptoveria 'Bainesii-Ginhusha'
直立性蓮座 / 大型種 / 葉插、胴切
大盃宴的錦斑品種。栽培上生長速度較大盃宴緩慢，錦斑不明顯的個體容易出現返祖現象。

紫夢

Graptoveria 'Purple Dream'
直立性叢生 / 小型種 / 葉插、胴切
葉片具明顯紅色鑲邊，日照充足下紅邊會更明顯，低溫時植株會轉變成紅紫帶點橘色。

紅葡萄

Graptoveria 'Amethorum'
蓮座 / 小型種 / 葉插、胴切
葉面具光亮質感，低溫季節若日照充足植株會轉為紅色。夏天要避開強烈日照，以免晒傷。

艾格利旺

Graptoveria A Grim One
蓮座群生 / 小型種 / 葉插、胴切
具肥胖渾圓的葉片，外觀呈淺綠色，低溫季節若日照充足，葉片會出現明顯紅色鑲邊。

風車草屬 ╳ 景天屬

Graptosedum

風車草屬╳景天屬的多肉生長性狀較類似景天屬，莖容易呈匍匐性生長，因是雜交品種，體型比景天屬大。無明顯休眠期。容易繁殖，葉插的發芽率很好，適合入秋後氣溫涼爽時進行。

加州夕陽
Graptosedum 'California Sunset'
直立性匍匐 / 中型種 / 葉插、胴切
具少見的黃色系外觀，若日照充足，葉片會有橘紅色色澤，若日照不足，顏色較綠。

姬朧月
Graptopetalum 'Bronz'
直立性匍匐 / 小型種 / 葉插、胴切
紅褐色的外觀在溫差大的季節裡會顯得更為鮮紅，葉片容易因觸碰掉落。

姬朧月錦
Graptosedum 'Bronze'
fa. *Variegatum*
直立性 / 小型種 / 葉插、胴切
姬朧月錦為姬朧月的錦斑品種，因為灰白的錦斑容易轉紅，所以外觀呈粉紅色澤。

秋麗
Graptosedum 'Francesco Baldi'
直立性匍匐 / 中型種 / 葉插、胴切
紫灰色的葉片在低溫時會染上淺淺的粉紅色，春天易開出黃色小花。

燈籠草屬
（伽藍菜屬）
Kalanchoe

燈籠草屬的多肉種類繁多，各品種間的生長性狀、長勢跟外形有很大變化，其中有兩個較大的系列，一是長壽花；二是外觀有明顯絨毛被稱作兔子家族的系列。此屬多肉具強健生命力，容易栽培、繁殖，幾乎全年都會生長。多數品種在春至夏季這段時間開花。
繁殖方面可使用實生、葉插、側芽、胴切等多種方式，繁殖難度不高很容易成功，但冬季低溫季節生根發芽的速度較緩慢。

唐印
Kalanchoe thyrsiflora
直立性短莖 / 大型種 / 側芽、胴切
葉背與莖會覆蓋白色粉末。溫差大的季節若日照充足，葉片會轉成紅至橘色的漸層。

唐印錦
Kalanchoe luciae fa. *Variegata*
直立性短莖 / 大型種 / 側芽、胴切
為唐印的錦斑品種，淺黃色錦斑不規則分布在葉面，黃色的錦斑會出現桃紅色澤。

不死鳥
Kalanchoe daigremontiana hybrid
直立性 / 中型種 / 株芽、胴切
能適應惡劣環境繁殖力強，被視為雜草等級的植物，園藝上較常使用的是不死鳥的錦斑品種。

不死鳥錦

Kalanchoe daigremontian 'Fushityou-nisiki'
直立性 / 中型種 / 胴切

葉子因錦斑而呈現黃或粉紅色澤，雖然有株芽但因沒葉綠素所以無法用以繁殖。

錦蝶

Kalanchoe delagoensis 'Tubiflora'
直立性 / 中型種 / 株芽、胴切

葉片呈棒狀，葉色呈深灰帶點咖啡色。經常可見野生的植株群生於建築物上或周圍。

極樂鳥

Kalanchoe beauverdii
直立性蔓生 / 中型種 / 株芽、葉插、胴切

具細長柳葉狀葉子，外觀終年呈現接近黑色的深褐色。繁殖適合用3-5公分的枝條扦插。

蝴蝶之舞錦

Kalanchoe fedtschenkoi fa. *Variegate*
直立性叢生 / 中型種 / 葉插、胴切

葉緣具圓弧齒狀，溫差大、日照充足葉片會出現粉紅色澤，搭配白色錦斑顯得色彩斑斕。

白姬之舞

Kalanchoe marnieriana
直立性叢生 / 中型種 / 葉插、胴切

圓形葉片呈藍綠色，葉緣有紅色鑲邊。建議剪取2-3節葉的枝條扦插繁殖。

蕾絲姑娘

Kalanchoe laetivirens
直立性 / 大型種 / 株芽、胴切

葉緣會長出許多株芽，觸碰容易掉落自行生根繁殖，生命力非常強健。

花葉圓貝草

Kalanchoe feriseana variegata
直立性叢生 / 小型種 / 葉插、胴切

橢圓形葉片具黃色錦斑。低溫季節若日照充足，錦斑部分會出現桃紅色澤暈染。

朱蓮

Kalanchoe sexangularis
直立性叢生 / 小型種 / 葉插、胴切

葉緣具鈍鋸齒狀，葉片會向內捲曲，植株呈紅色，日照不足會顯得綠一些。

日蓮之盃

Kalanchoe nyikae
直立性 / 中型種 / 葉插、胴切

橢圓形葉片具特殊的內凹造型。溫差大的季節，日照強烈會轉變成黃綠色。

魔海

Kalanchoe longiflora var. *coccinea*
直立性叢生 / 中型種 / 胴切

葉片具明顯鋸齒邊緣，植株鋪有白粉，低溫、日照充足會呈現紅橘黃的漸層色澤。

江戶紫

Kalanchoe marmorata
直立性 / 大型種 / 胴切

葉緣具圓弧齒狀，綠色葉片上布滿紫紅色斑點。可適當修剪控制植株型態。

紫式部

Kalanchoe humilis figueiredoi
直立性 / 小型種 / 葉插、胴切

具灰綠色的橢圓形葉片，上頭布滿紫紅色虎斑紋，春天會從中心抽出細長的花梗。

月兔耳

Kalanchoe tomentosa
直立性叢生 / 中型種 / 葉插、胴切

葉上絨毛會因栽培環境而有不同表現，葉緣會有不規則的黑色線條或斑點。

野兔耳

Kalanchoe tomentosa 'Minima'
直立性叢生 / 小型種 / 葉插、胴切

又稱黑兔耳，整體葉色顯得較深，新生葉的葉緣呈咖啡紅色澤，老葉則會變成黑色。

月光兔耳

Kalanchoe tomentosa
× *Kalanchoe dinklagei*
直立性叢生 / 中型種 / 葉插、胴切

葉緣具明顯鋸齒狀，全株呈翠綠色，低溫季節葉色比較淺，分枝性好，容易叢生。

千兔耳

Kalanchoe millotii
直立性叢生 / 小型種 / 葉插、胴切

具鋸齒狀菱形葉，日照強會讓絨毛明顯而變得比較銀白，戶外栽培容易因雨淋出現鏽斑。

銀之太鼓

Kalanchoe bracteata
'Silver Teaspoons'
直立性 / 中型種 / 葉插、側芽、胴切

全株皆呈銀白色，日照充足外觀會顯得更加雪白。植株基部易長側芽，可剪下扦插繁殖。

仙女之舞

Kalanchoe beharensis
直立性 / 大型種 / 葉插、側芽、胴切

又稱仙人扇。具長柄的三岔Y形葉片，全株布滿絨毛，成熟葉片呈灰白色。

姬仙女之舞

Kalanchoe beharensis
'Maltese Cross'
直立性 / 大型種 / 葉插、胴切
全株布滿絨毛，使得新葉呈現銀白
色，老葉則會變成深橘色，可利用
修剪促進分枝。

玫葉兔耳

Kalanchoe Roseleaf
直立性 / 大型種 / 葉插、胴切
全株有絨毛，新葉呈橘黃色澤，老
葉則呈灰白色，栽培要給予足夠的
空間生長。

橡葉兔耳

Kalanchoe beharensis Oak Leaf
直立性 / 中型種 / 葉插、胴切
葉緣具明顯鋸齒紋，全株具銀白色
絨毛，新葉葉緣會帶點橘黃色。

深蓮屬
Lenophyllum

深蓮屬的多肉葉對生，直立
性的生長勢，體質強健生命
力十分旺盛，栽培容易沒有
難度。目前台灣普遍有 2 個
品種，都能用葉插繁殖，也
可用枝條扦插，繁殖容易成
功。

深蓮

Lenophyllum acutifolium
直立性 / 中型種 / 實生、葉插、胴切
錐狀葉形，葉面具塑膠質感。扦插
易成功，可透過種子自行繁衍，日
照充足會接近黑色。

德州景天

Lenophyllum texanum
直立性叢生 / 小型種 / 葉插
植株為灰色介於咖啡色之間。植株
易開花，花朵呈很小的鈴鐺狀。

瓦松屬
Orostachys

該屬多肉易增生側芽進行繁
殖，葉片本身無法扦插繁殖，
最大特色是成熟植株會從中
心隆起長出花序。生長季在
春、秋，夏天高溫與冬天低
溫都會使植株進入休眠期，
繁殖在春、秋季進行。

母子蓮

Orostachys boehmeri
蓮座群生 / 小型種 / 側芽扦插
又稱子持蓮華或白蔓蓮，低溫季節
植株休眠葉片會變得緊密，缺水情
況下葉片會緊縮包裹。

昭和

Orostachys japonicus
蓮座群生 / 小型種 / 側芽
又稱爪蓮華，翠綠色的外觀在溫差
大、日照充足會變成橘紅色，在冬
天休眠會出現緊縮的型態。

厚葉草屬
Pachyphytum

厚葉草屬的多肉被稱為美人系列，因為這屬多肉的葉片特別肥胖飽滿，各品種間的葉形、顏色或長勢則有很豐富的變化。栽培上即使露天野放也能生長得很好，但生長速度較為緩慢。繁殖方面，可用葉插或胴切，但出芽量不多，因此繁殖速度也較緩慢。

東美人
Pachyphytum oviferum 'Azumabijin'
直立性蓮座 / 中型種 / 葉插、胴切
葉子厚實飽滿，強健好照顧。低溫季節葉片會帶著淡粉紅色，利用葉插可大量快速繁殖。

東美人錦
Pachyphytum oviferum 'Azumabijin' fa. *Variegatum*
直立性蓮座 / 中型種 / 葉插、胴切
為東美人的錦斑品種，白色錦斑不規則出現在葉面，低溫季節會變成粉紅色。

星美人
Pachyphytum oviferum 'Hoshibijin'
直立性蓮座 / 中型種 / 葉插、胴切
具渾圓飽滿的葉片，因鋪有白粉以致讓葉片看起來呈淡灰紫色，日照充足下會顯得雪白。

立田鳳
Pachyphytum clavifolia
直立性蓮座 / 中型種 / 葉插、胴切
又稱香蕉石蓮，棒狀葉向內彎曲，外觀呈藍色，低溫、日照充足環境下會帶點粉紅色。

京美人
Pachyphytum oviferum 'Kyobijin'
直立性蓮座 / 中型種 / 葉插、胴切
具肥胖的棒狀葉，葉尖有明顯的白點是辨識重點，直立性生長不容易出現分枝。

青星美人
Pachyphytum 'Doctor Cornelius'
直立性蓮座 / 大型種 / 葉插、胴切
狹長的菱形葉片上生長，粗壯的莖直立生長容易長高，春天會長出粗壯的花梗開出粉紅色花朵。

千代田之松
Pachyphytum compactum
直立性蓮座 / 小型種 / 葉插、胴切
葉片具明顯的稜線紋路，生長速度緩慢、綠葉幾乎不變色，夏天要避免強烈日照直射。

千代田之松變種
Pachyphytum compactum 'Glaucum'
蓮座群生 / 小型種 / 葉插、胴切
外觀為藍綠色具明顯白粉，葉片具稜線紋路，溫差大、日照充足下葉片會出現紫紅色漸層。

新桃美人

Pachyphytum compactum 'Glaucum'

直立性蓮座 / 小型種 / 葉插、胴切

外觀與千代田之松變種類似，但葉子較為短胖圓滑，葉面有稜線紋但較不明顯。

厚葉草屬 × 擬石蓮屬
Pachyveria

厚葉草屬×擬石蓮屬的多肉雖為兩屬雜交，但無特殊明顯差異，此屬多肉多有厚葉草屬肥厚葉形的特色，但雜交過後改善了生長速度緩慢的特性。

紫麗殿

pachyveria 'Blue Mist'

直立性 / 中型種 / 葉插、胴切

葉片緊密排列生長，紫色外觀是其特色，日照充足環境下葉片會呈深紫色。

霜之朝

Pachyveria Exotica

直立性 / 中型種 / 葉插、胴切

藍色葉片布滿厚厚的白粉，外觀顯得雪白，葉尖會有粉紅色澤。

櫻美人

Pachyveria 'Clavata'

直立性 / 中型種 / 葉插、胴切

鋪有白粉的葉片顯得灰綠，狹長的葉向內彎曲，植株外觀呈球形很有立體感。

紅尖美人

Pachyveria 'Cornelius'

直立性 / 中型種 / 葉插、胴切

綠葉幾乎不變色，但葉尖會有明顯的紅色漸層，植株直立生長，春天易抽出花梗。

軍旗

Pachyveria clevelandii

蓮座 / 中型種 / 葉插、胴切

呈蓮座狀，葉呈淺綠色，具明顯紅色葉尖。低矮的蓮座會在基部長出側芽，形成叢生姿態。

立田

Pachyveria 'Schiedeckeri's Chimera'

直立性蓮座 / 小型種 / 葉插、胴切

葉子外觀鋪滿白粉，葉子低溫季節會出現粉紅色澤，品種容易出現錦斑的變異。

立田錦

Pachyveria 'Albocarinata'

直立性蓮座 / 小型種 / 葉插、胴切

立田的錦斑品種，葉面布滿不規則的線狀白色錦斑，葉插繁殖容易出現返祖現象。

景天屬
Sedum

此屬多肉生命力旺盛、適應力強，給水充足會長很好。全年都會生長，部分品種夏季高溫或冬季低溫時生長較緩慢，但無明顯休眠期。繁殖可用葉插、胴切，適合在春、秋兩季進行。

乙女心
Sedum pachyphyllum
直立性叢生 / 小型種 / 葉插、胴切
渾圓的葉尖具紅色漸層，低溫季節變色更明顯。肥胖的葉子若缺水會顯得乾癟而出現皺紋。

八千代
Sedum corynephyllum
直立性叢生 / 小型種 / 胴切
葉片較為細長，顏色呈鮮豔的翠綠色，低溫季節葉尖會出現紅色漸層，外觀討喜。

白厚葉弁慶
Sedum allantoides
直立性叢生 / 小型種 / 胴切
具有棒狀葉片，外觀淺綠接近白色。葉插不易生根發芽，多使用胴切進行繁殖。

天使之淚
Sedum treleasei
直立性 / 小型種 / 胴切
葉片渾圓肥胖，緊密排列生長。栽培上容易照顧，但生長與繁殖速度緩慢。

虹之玉
Sedum rubrotinctum
直立性叢生 / 小型種 / 葉插、胴切
深綠色外觀會因低溫而轉紅，掉落的葉片可葉插，發芽率高。

虹之玉錦
Sedum rubrotinctum fa. Variegate
直立性叢生 / 小型種 / 葉插、胴切
虹之玉錦是虹之玉的錦斑品種，葉子因錦斑呈淺綠帶點粉紅色。

圓葉耳墜草
Sedum sp.
直立性叢生 / 小型種 / 葉插、胴切
圓葉耳墜草的生長性狀與虹之玉很相似，但葉子渾圓如珠，翠綠色的葉子在低溫季節會轉紅。

玉串
Sedum morganianum
蔓性叢生 / 小型種 / 葉插、胴切
外觀呈粉嫩的綠色，栽培上多利用吊盆或種植在可讓植株任意垂墜的空間。

新玉綴

Sedum burrito

蔓性叢生 / 小型種 / 葉插、胴切

葉片渾圓短胖，外觀因白粉而顯得更為淺綠，低溫季節時葉片會帶著淺粉紅色。

薄化妝

Sedum palmeri

直立性叢生 / 中型種 / 葉插、胴切

薄葉緊密排列呈傘狀，粉綠色的葉片幾乎不會變色，春天植株會開出細小的黃花。

黃麗

Sedum adolphi

直立性 / 中型種 / 葉插、胴切

黃麗是少數黃色系的景天，溫差大的季節葉緣會出現漸層的橘紅色。

銘月

Sedum nussbaumerianum

直立性叢生 / 中型種 / 葉插、胴切

銘月葉面具油亮的質感，溫差大的季節若日照充足，葉緣會有橘色的鑲邊。

春萌

Sedum 'Alice Evans'

直立性叢生 / 小型種 / 葉插、胴切

低溫季節，在充足的日照下葉尖會轉為紅色。春夏交替時節會開出白色小花。

美樂蒂

Sedum Mirotteii

直立性叢生 / 小型種 / 葉插、胴切

具有渾圓的棒狀葉，淺綠色的外觀有紅色葉尖。分枝性良好，容易長成叢生姿態。

小玉

Sedum 'Little Gem'

叢生 / 小型種 / 葉插、胴切

葉片短胖，緊密排列生長。溫差大的季節會轉紅但不明顯，容易在植株前端開花。

毛小玉

Sedum versadense

蔓性叢生 / 小型種 / 葉插、胴切

葉片均布滿絨毛，植株易分枝叢生。綠葉在低溫季節若日照充足，全株會轉紅。

姬星美人

Sedum dasyphyllum

蔓性叢生 / 小型種 / 葉插、胴切

葉片有絨毛，觸摸植株會有一股淡淡的香味，氣溫低、日照充足植株會變成粉紅色。

大姬星美人
Sedum dasyphyllum 'Opaline'
蔓性叢生 / 小型種 / 葉插、胴切
葉間易長出側芽，形成叢生。生長季節成長快速，植株呈藍綠色，夏季會進入休眠。

毛姬星美人
Sedum dasyphyllum
蔓性叢生 / 小型種 / 葉插、胴切
葉片布滿絨毛。生長季節為入秋後涼爽的氣候，夏天植株生長會停滯。

大唐米
Sedum oryzifolium
蔓性叢生 / 小型種 / 葉插、胴切
具有如米粒般的葉子，翠綠色葉片幾乎不會變色，夏季高溫生長較緩慢。

薄雪萬年草
Sedum lineare 'Robustum'
蔓性叢生 / 小型種 / 胴切
葉片像松葉般細長，藍綠色的外觀易因環境而產生變化，溫差大、氣溫低會出現淺粉紅色。

黃金萬年草
Sedum lineare 'Robustum'
蔓性叢生 / 小型種 / 胴切
有著鮮黃色外觀。夏季顏色會變得綠一些，栽培時要注意通風，避免菌害感染而軟爛。

珍珠萬年草
Sedum moranense blanc
蔓性叢生 / 小型種 / 胴切
葉片呈深綠色，質感厚實，容易長出側芽，形成扎實的叢生型態。

大萬年草
Sedum diffusum 'Potosinum'
蔓性叢生 / 小型種 / 胴切
葉片是淺藍綠色，生長呈蔓延姿態，易長出盆緣形成垂墜姿態，莖幹易長出氣根。

嬰兒景天
Sedum makinoi
蔓性叢生 / 小型種 / 胴切
油亮的葉片呈橢圓形，為淺綠色，匍匐型態生長，日照充足植株會呈現緊密扎實的叢生。

斑葉嬰兒景天
Sedum makinoi fa. *Variegata*
蔓性叢生 / 小型種 / 胴切
為嬰兒景天的錦斑品種，葉緣會出現不規則白色錦斑。

台灣景天

Sedum formosanum

叢生 / 小型種 / 胴切

原生於台灣的地被型景天，在北海沿岸分布普遍，生命力旺盛、春天會開出大量黃色小花。

斑葉佛甲草

Sedum lineare fa. *Variegate*

蔓性叢生 / 小型種 / 胴切

為佛甲草的錦斑品種，葉色較淺綠，葉緣有白色錦斑鑲邊。

松葉景天

Sedum mexicanum

蔓性叢生 / 小型種 / 胴切

具翠綠色的細長尖葉，低溫季節外觀會變成黃綠色，春天會開出大量的黃色小花。

玫瑰景天

Sedum rupifragum

蔓性叢生 / 小型種 / 胴切

葉形較尖長，溫差大的季節會轉變成黃綠色，葉緣也會出現紅邊。

雀利

Sedum acre L.

蔓性叢生 / 小型種 / 胴切

外觀類似玫瑰景天，葉片顯得比較橢圓些，且沒有油亮反光的質感，春天會開出黃色小花。

高加索景天

Sedum spurium

蔓性叢生 / 小型種 / 胴切

葉片具油亮的反光質感，葉間容易長出分枝，日照充足環境下會變成咖啡紅的顏色。

龍血

Sedum spurium 'Dragon's Blood'

蔓性叢生 / 小型種 / 葉插、胴切

呈蔓生型態，長勢旺盛好栽培，在低溫、日照充足下，綠色植株會轉變成鮮豔的紅色。

景天屬
× 擬石蓮屬

Sedeveria

景天屬×擬石蓮屬的雜交品種，除了學名上的區別，生長性狀與栽培方式皆似於景天屬，此屬的多肉也是屬於強健好照顧的類型。

綠焰

Sedeveria letizia

直立性 / 小型種 / 葉插、胴切

具油亮的翠綠色葉片，在溫差大、日照充足環境下葉緣會出現明顯的紅邊。

靜夜玉綴
Sedeveria 'Harry Butterfield'
直立性 / 中型種 / 葉插、胴切
為靜夜與玉綴的交配種，在日照充足環境下葉尖會出現紅色的漸層暈染。

樹冰
Sedeveria 'Silver Frost'
直立性 / 小型種 / 葉插、胴切
葉片是淺藍綠色，幾乎不會變色。若日照不足容易徒長。

法雷
Sedeveria 'Fanfare'
直立性 / 小型種 / 葉插、胴切
栽培上可用胴切以促進分枝形成叢生姿態，缺乏葉綠素的白化葉子要避免強烈日照。

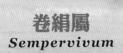

卷絹屬
Sempervivum

有著蓮座外型，葉形大多是狹長的劍形。生長季多在入秋後的涼爽季節，多利用側芽進行繁殖。夏季會進入休眠期，葉子會以緊密貼合包覆的型態度夏。

觀音蓮卷娟
Sempervivum 'Fimbriatum'
蓮座群生 / 大型種 / 側芽
紫紅色葉尖在低溫時會變得明顯。基部會長出側芽，約生長到十元硬幣大小可剪下另行種植。

百惠
Sempervivum 'Oddity'
蓮座群生 / 小型種 / 側芽
具反捲般的筒狀葉，紅色的葉尖在低溫季節會往葉片延伸。

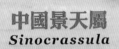

中國景天屬
Sinocrassula

原產於中國雲南省一帶。此屬多肉強健好照顧，入秋後的涼爽氣候為生長季節，可使用葉插、側芽繁殖，夏季為休眠期。

泗馬路
Sinocrassula yunnanensis
蓮座群生 / 小型種 / 葉插、側芽
墨綠色葉片具細小絨毛，若給予限水葉片會轉變成接近黑色，基部容易生長側芽形成群生。

龍田鳳
Sinocrassula densirosulata
蓮座群生 / 小型種 / 葉插、側芽
灰綠色葉片向中心彎曲，低溫季節葉片上的咖啡色斑點會變得明顯。

印地卡

Sinocrassula indica

蓮座群生 / 小型種 / 葉插、側芽

葉色會因栽培環境而有不同表現，日照不足呈灰綠色，日照充足則是漂亮的桃紅色。

塔蓮屬
Villadia

原產於中國雲南省一帶。此屬多肉強健好照顧，入秋後的涼爽氣候為生長季節，可使用葉插、側芽繁殖。夏季為休眠期。

塔蓮

Villadia imbricata Rose

直立性叢生 / 小型種 / 胴切

外觀呈深綠色，分枝性佳，易形成叢生姿態，開花時直接從植株中心長出花苞。

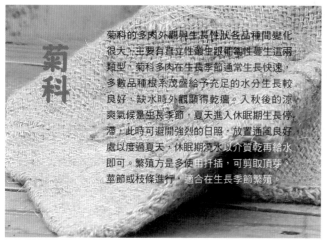

菊科

菊科的多肉外觀與生長性狀各品種間變化很大，主要有直立性叢生跟匍匐性蔓生這兩類型，菊科多肉在生長季節通常生長快速，多數品種根系茂盛給予充足的水分生長較良好，缺水時外觀顯得乾癟。入秋後的涼爽氣候是生長季節，夏天進入休眠期生長停滯，此時可避開強烈的日照，放置通風良好處以度過夏天，休眠期澆水以介質乾再給水即可。繁殖方是多使用扦插，可剪取頂芽莖節或枝條進行，適合在生長季節繁殖。

黃花新月

Othonna capensis

蔓性 / 小型種 / 扦插

春天會開出黃色小花，紫紅色的莖呈蔓性生長，綠色葉片在極度缺水狀態下會顯得有點紫紅。

美空鉾

Senecio antandroi

直立性叢生 / 中型種 / 扦插

具藍綠色外觀，會從莖幹或基部長出側芽，低溫季節是生長季。

七寶樹錦

Senecio articulatus 'Candlelight'

直立性叢生 / 中型種 / 扦插

莖呈圓柱狀，葉片上有不規則白色錦斑，紫色的葉背會在白色錦斑上出現紫色的渲染色塊。

松鉾

senecio barbertonicus

直立性叢生 / 中型種 / 扦插

全株呈翠綠色外觀，硬挺的莖幹生長可超過 60 公分。

紫蠻刀
Senecio crassissimus
直立性叢生 / 中型種 / 扦插
全株呈灰綠色，葉片具紫色鑲邊，
低溫季節紫色鑲邊會更明顯。

青涼刀
Senecio ficoides
直立性叢生 / 大型種 / 扦插
全株鋪有白粉而呈現出淺藍色，片
狀肉質葉形如刀子般。

碧鈴
Senecio hallianus
蔓性 / 小型種 / 扦插
葉片鋪有白粉，枝條呈蔓性生長。
莖會分泌汁液，摸起來黏黏的，夏
季應避開強烈日照。

京童子
Senecio herreianus
蔓性 / 小型種 / 扦插
肉質葉片上的窗構成深淺條紋，蔓
性的枝條比較粗壯硬挺，秋、春兩
季是生長季節。

弦月
Senecio herreianus
蔓性 / 小型種 / 扦插
葉片較綠之鈴顯得狹長些，生長速
度比綠之鈴來得快，秋、春生長季
節，短時間就可長得很長。

千里月
Senecio radicans
蔓性 / 中型種 / 扦插
有著新月形的肉質葉，生長快速、
枝條可生長超過 1 公尺，適合吊盆
栽培。

三爪弦月
Senecio peregrinus
蔓性 / 小型種 / 扦插
為七寶樹與綠之鈴的交配品種，葉
呈三岔形。分枝性良好，建議用吊
盆種植掛在高處，讓枝條有充分空
間生長。

綠之鈴
Senecio rowleyanus
蔓性 / 小型種 / 扦插
具渾圓如珠的葉子。綠葉不會變
色，秋、春兩季為生長季節，春天
會伸長花梗開出白色的花。

藍粉筆
Senecio serpens
直立性叢生 / 中型種 / 扦插
葉片較寬、葉尖圓滑。分枝性普
通，可透過修剪促進分枝生長，讓
植株顯得更豐滿。

番杏科

番杏科的多肉主要有玉類跟莖葉型兩種，玉類為
石頭玉、帝玉或神風玉等多肉；玉類的栽培難度
較高，台灣夏季的高溫多濕容易造成植株衰亡，
栽培者多為玩家等級，而莖葉型的番杏科，多為
直立性生長，有叢生或蔓生型態，栽培上較無難
度，也因此能運用在多肉組合作品中。

照波
Bergeranthus multiceps
低矮叢生 / 小型 / 胴切
具三角狹長的肉質葉，低矮植株容
易長出側芽成叢生姿態，秋、春兩
季會開出黃色花朵。

夕波
Delosperma britteniae
蔓性叢生 / 小型 / 扦插
葉對生，長勢呈匍匐蔓生，容易扦
插繁殖，扦插時選擇兩到三節的枝
條為佳。

鹿角海棠
Delosperma lehmannii
蔓生叢生 / 小型 / 扦插
葉片較短胖，莖節較密集，下葉容
易因充滿水分撐破葉面而產生龜裂
紋。

雷童
Delosperma pruinosum
直立性叢生 / 小型 / 扦插
棒狀葉具明顯絨毛。可修剪促進側芽生長，或剪取 2-3
節枝條進行扦插繁殖，讓植株保持豐滿狀態。

琴爪菊
Oscularia deltoides
直立性叢生 / 小型種 / 扦插
對生的葉有像爪子般的葉尖，日照充足葉尖、莖會轉
桃紅色澤，分枝性良好容易叢生。

馬齒莧科

主要分為匍匐叢生的小型種或灌木型的中、大型種；此科多肉通常容易照顧，栽培上無太大難度。多數品種幾乎全年都在生長，沒有明顯的休眠季節，但冬季的低溫會讓生長變得遲緩。繁殖多用扦插方式，幾乎全年可繁殖，但春、秋兩季進行較佳。

吹雪之松
Anacampseros rufescens
叢生 / 小型 / 胴切
全株呈翠綠色，葉莖間有白色絲狀絨毛。另有錦斑品種，淺黃色的錦斑有著粉紅色漸層。

大型吹雪之松
Anacampseros telephiastrum
低矮叢生 / 小型 / 胴切
綠葉不會變色，葉間無吹雪之松的白色絨毛，容易生長側芽形成緊密的群生姿態。

櫻吹雪
Anacampseros rufescens
fa. *Variegata*
低矮叢生 / 小型 / 胴切
成熟葉片呈翠綠色，葉背是桃紅色，日照充足葉面會出現桃紅色的暈染。

細長群蠶
Anacampseros gracilis
低矮叢生 / 小型 / 胴切
葉片緊密排列向上生長，日照充足會顯得黯沉接近巧克力色，植株容易群生。

彩虹馬齒牡丹
Portulaca 'Hana Misteri
蔓性叢生 / 中型 / 扦插
馬齒牡丹的錦斑品種，葉緣具不規則淡黃色錦斑，日照充足下黃色的錦斑會出現粉紅色澤。

雲葉古木
Portulacaria morokiniensis
直立性叢生 / 中型 / 胴切
具圓形的翠綠色葉子，因此又稱圓葉古木，直立性生長，容易長成骨幹的樹狀姿態。

雅樂之舞
Portulacaria afra
v. *foliis* 'Variegatia'
直立性叢生 / 中型 / 扦插
為銀杏木的錦斑品種，葉片因黃色錦斑外觀顯得黃色帶點淺綠，葉緣有粉紅色鑲邊。

唇形花科

多屬強健好照顧的植物，栽培只要日照充足，可適應各種環境，生命力強，很耐旱，幾乎全年都在生長。繁殖多以扦插為主，全年皆可進行。

臥地延命草
Plectranthus prostratus
蔓性叢生 / 小型 / 扦插
具三角形肉質葉，葉面有絨毛質感，低溫季節休眠，葉面會出現紅褐色斑點。

小葉到手香
Plectranthus socotranum
直立性叢生 / 小型 / 扦插
葉背有明顯皺褶紋路，葉對生。日照充足葉片會變成黃綠色，葉片上的絨毛變得明顯。

龍蝦花
Plectranthus neochilus
低矮叢生 / 小型 / 扦插
葉緣有鈍鋸齒狀，全株具絨毛，綠葉在日照充足下會呈紅褐色，植株有股強烈香味。

蘿藦科

蘿藦科的多肉有兩種類型，一是藤蔓型，品種有愛之蔓與各種毬蘭；另一類有著肉質狀莖部的外型，有犀角、紫龍角等品種，又稱蘿藦花。藤蔓型的蘿藦適合日照充足或半日照環境，蘿藦花這類型栽培上忌諱潮濕，給予充足日照、環境通風與排水、通氣性良好的介質，通常都能生長的很好。

蘿藦科以播種實生或扦插進行繁殖，部分品種容易在開花後形成果莢，成熟的種子可播種，繁殖適宜在生長季節進行。

犀角
Stapelia unicornis
直立性叢生 / 中型種 / 扦插
柱狀的莖橫切面呈四角形，綠色的莖會分枝向外蔓生。花朵會發出腐臭味，花開約 2 天就凋謝。

紫龍角
Caralluma hesperidum
直立性叢生 / 中型種 / 扦插
四角形的柱狀莖具明顯肉刺，灰綠色的莖布滿紫紅色斑點，日照充足色斑會更明顯。

巨龍角
Edithcolea grandis
直立性叢生 / 小型種 / 扦插
會開出色彩鮮豔斑斕的花朵，又稱作波斯地毯。深綠色枝條若日照充足會變成古銅色澤。

愛之蔓
Ceropegia woodii
蔓性叢生 / 小型種 / 扦插
愛之蔓因心形葉片而得名。春、秋兩季是生長季節，會開出外觀如降落傘般的紫色小花。

愛之蔓錦
Ceropegia woodii varieg
蔓性叢生 / 小型種 / 扦插
是愛之蔓的錦斑品種，葉片有不規則的鵝黃色錦斑，低溫季節日照充足錦斑會出現粉紅色澤。

瓜子藤錦
Dischidia albida
藤蔓性 / 中型種 / 扦插
葉緣具白色錦斑，栽培建議放置光線充足但無直接日照之處，低溫季節會休眠停止生長。

鴨跖草科

鴨跖草科外形上較無明顯的肉質化莖葉，但因為生命力強健好照顧，具有耐旱又耐潮濕、可適應多種栽培環境的特性，因此部分品種被廣義的歸類在多肉植物中。

雪絹

Tradescantia sillamontana

直立性叢生 / 小型種 / 扦插

綠葉具白色絲狀絨毛，會開出紫色小花。水分缺乏時葉片會緊縮，白色絲狀絨毛變得明顯。

雪絹錦

Tradescantia sillamontana fa. Variegata

直立性叢生 / 小型種 / 扦插

雪絹的錦斑品種，白色錦斑不規則出現在葉面，成熟葉的錦斑經過日照會出現粉紅色澤。

彩虹怡心草

Tradescantia sp.

蔓性叢生 / 小型種 / 扦插

綠色的葉子有不規則的白色錦斑，日照充足較能表現錦斑特色。

大戟科

大戟科的多肉具有肉質化的莖幹，部分品種外觀帶刺，易被誤認為是仙人掌科，但大戟科有個特色就是剪切植株會流出白色汁液，白色汁液有毒，接觸人體或誤食會出現過敏反應，因此要注意。繁殖可用播種實生或扦插進行，扦插繁殖時要等切口乾燥後再進行，全年皆可繁殖。

珊瑚大戟
Euphorbia leucodendron
直立性 / 中型種 / 胴切
翠綠色外觀就像珊瑚一般，葉子生長在柱狀莖的前端，修剪可以促進分枝讓植株更茂盛。

珊瑚大戟綴化
Euphorbia leucodendron
v. oncoclada cristated
綴化 / 中型種 / 胴切
為珊瑚大戟的綴化品種，外型呈片狀且生長緩慢，容易長出柱狀的返祖分枝。

春峰
Euphorbia lactea Haw
直立性 / 大型種 / 胴切
呈墨綠色，三角柱狀的稜邊有尖刺，此品種容易出現綴化個體，另有許多不同的錦斑品種。

紅葉彩雲閣
Euphorbia trigona 'Rubra'
直立性叢生 / 大型種 / 胴切
具紅葉，日照充足莖幹也會呈紅色，分枝性差，可利用修剪促進分枝，另有全株綠色品種。

峨嵋山
Euphorbia bupleurifolia
× susannae
莖叢生 / 小型種 / 實生、胴切
峨嵋山有短胖的渾圓肉莖，莖的前端具狹長的葉子，容易長出側芽形成叢生狀。

單刺大戟
Euphorbia poissonii
直立性 / 大型種 / 實生、胴切
單刺大戟有非常肥大的莖，翠綠色的葉子生長在前端，生長較為緩慢。

龍舌蘭科

葉片多為狹長的劍形，葉尖或葉緣長有尖刺。具耐旱特性，生命力強健好栽培，只要有充足日照，介質不會積水，通常都能生長的很好。龍舌蘭的開花方式很奇特，成熟植株會從中心抽出又高又長的花梗，花開後會結種子或高芽，但母株會漸漸衰亡，以此繁衍下一代。繁殖方式多使用側芽，或高芽繁殖，也可使用胴切或播種實生的方式。

雷神
Agave potatorum
var. *Verschaffeltii*
短莖 / 中型種 / 側芽
外觀為綠色，新葉有紅色的葉刺，容易長出側芽形成群生。

龍嚴
Agave titanota
短莖 / 中型種 / 側芽
具明顯的葉刺，老葉的葉刺會明顯木質化，此品種生長較緩慢。

吉祥冠黃覆輪
Agave potatorum 'Kichijokan'
短莖 / 中型種 / 側芽
為吉祥冠的錦斑品種，淺黃色錦斑分布在葉緣兩側，新葉的葉刺呈紅色色澤。

五色萬代
Agave horrida ssp. *Perotensis*
短莖 / 大型種 / 側芽
為錦斑品種，葉緣兩側與中間有鮮黃色錦斑，葉片狹長直立、葉刺特別尖銳。

瀧雷
Agave 'Blue Glow'
短莖 / 中型種 / 側芽
瀧雷只有葉尖有刺，深綠色的葉片具咖啡紅色的葉緣，葉緣無刺是一大特色。

皇冠龍舌蘭
Agave attenuata 'Nerva'
短莖 / 大型種 / 高芽
全株呈翠綠色，可長到直徑超過1公尺的大型種，使用花梗上的高芽繁殖。

笹之雪

Agave victoriaereginae
短莖 / 中型種 / 側芽

其三角形的棒狀葉非常硬挺，葉子
前端有刺，葉面上有不規則白色稜
線紋，生長緩慢。

黃邊短葉虎尾蘭

短莖叢生 / 中型種 / 側芽、葉插

低矮的植株容易長出側芽叢生，側
芽繁殖才能保留黃色的錦斑特色，
葉插發芽皆會返祖。

黃邊虎尾蘭

直立性叢生 / 中型種 / 側芽、葉插

葉片兩側有黃色錦斑，基部會長出
側芽形成叢生，繁殖多採用側芽，
葉插會出現返祖現象。

胡椒科

胡椒科多肉以椒草為主，椒草的品種高達上百
種，其中部分品種具有肉質化的莖葉，栽培上具
耐旱特性，因此被廣義定義成多肉植物。栽培忌
高溫潮濕，適合光線明亮且通風環境，介質排水
通氣性佳，通常就可以生長的很好。

仙城莉椒草

Peperomia 'Cactusville'
直立性叢生 / 小型種 / 胴切

全株呈翠綠色，體型嬌小但分枝性非常好，很容易就
長成叢生狀態。

快樂豆椒草

Peperomia amigo green split happybean
直立性叢生 / 中型種 / 胴切

全株呈翠綠色，日照充足會顯得較黃綠色，分枝性良
好容易叢生，生長快速。

INDEX

國家圖書館出版品預行編目 (CIP) 資料

瘋多肉！跟著多肉玩家學組盆 / 劉倉印、吳孟宇
著 . -- 初版 . -- 台中市：晨星，2014.12
　面；　公分 . -- (自然生活家；14)
　ISBN 978-986-177-928-7(平裝)

1. 仙人掌目 2. 園藝學

435.48　　　　　　　　　　　103017957

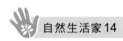
自然生活家14

瘋多肉！跟著多肉玩家學組盆

作者	Ron（劉倉印）、小宇（吳孟宇）
主編	徐惠雅
執行主編	許裕苗
插圖	張瑋安
封面設計	黃聖文
美術設計	夏果設計＊許靜薰
攝影	Sandra、小宇
場地出借	青心園藝，鴻霖園藝，Yokoneco,Bonbonmisha 法國雜貨

創辦人	陳銘民
發行所	晨星出版有限公司 台中市 407 工業區 30 路 1 號 TEL：04-23595820　FAX：04-23550581 E-mail：service@morningstar.com.tw http：//www.morningstar.com.tw 行政院新聞局局版台業字第 2500 號
法律顧問	陳思成律師
初版	西元 2014 年 12 月 6 日 西元 2018 年 9 月 6 日（三刷）

總經銷	知己圖書股份有限公司 （台北公司）106 台北市大安區辛亥路一段 30 號 9 樓 TEL：02-23672044 / 23672047　FAX：02-23635741 （台中公司）407 台中市西屯區工業 30 路 1 號 1 樓 TEL：04-23595819　FAX：04-23595493 E-mail：service@morningstar.com.tw 網路書店 http://www.morningstar.com.tw

讀者專線	04-23595819 # 230
郵政劃撥	15060393（知己圖書股份有限公司）
印刷	上好印刷股份有限公司

定價 350 元
ISBN 978-986-177-928-7
Published by Morning Star Publishing Inc.
Printed in Taiwan

◆ 讀者回函卡 ◆

以下資料或許太過繁瑣，但卻是我們了解您的唯一途徑，
誠摯期待能與您在下一本書中相逢，讓我們一起從閱讀中尋找樂趣吧！

姓名：＿＿＿＿＿＿＿＿＿＿＿　性別：□ 男　□ 女　生日：　　／　　　／

教育程度：＿＿＿＿＿＿＿＿＿＿

職業：□ 學生　　　□ 教師　　　□ 內勤職員　　□ 家庭主婦
　　　□ 企業主管　□ 服務業　　□ 製造業　　　□ 醫藥護理
　　　□ 軍警　　　□ 資訊業　　□ 銷售業務　　□ 其他＿＿＿＿＿＿＿＿

E-mail：（必填）＿＿＿＿＿＿＿＿＿＿＿＿　聯絡電話：（必填）＿＿＿＿＿

聯絡地址：(必填)□□□＿＿＿＿＿＿＿＿＿＿＿＿＿＿＿＿＿＿＿＿

購買書名：瘋多肉！跟著多肉玩家學組盆＿＿＿＿＿＿＿＿＿＿＿＿＿＿＿

· 誘使您購買此書的原因？

□ 於 ＿＿＿＿＿＿ 書店尋找新知時　□ 看 ＿＿＿＿＿＿ 報時瞄到　□ 受海報或文案吸引
□ 翻閱 ＿＿＿＿＿ 雜誌時　□ 親朋好友拍胸脯保證　□ ＿＿＿＿＿ 電台 DJ 熱情推薦
□ 電子報的新書資訊看起來很有趣　□ 對晨星自然 FB 的分享有興趣　□ 瀏覽晨星網站時看到的
□ 其他編輯萬萬想不到的過程：＿＿＿＿＿＿＿＿＿＿＿＿＿＿＿＿＿＿

· 本書中最吸引您的是哪一篇文章或哪一段話呢？＿＿＿＿＿＿＿＿＿＿＿＿＿＿

· 您覺得本書在哪些規劃上需要再加強或是改進呢？

□ 封面設計＿＿＿＿＿　□ 尺寸規格＿＿＿＿＿　□ 版面編排＿＿＿＿＿
□ 字體大小＿＿＿＿＿　□ 內容＿＿＿＿＿＿＿　□ 文／譯筆＿＿＿＿＿　□ 其他＿＿＿＿

· 下列出版品中，哪個題材最能引起您的興趣呢？

台灣自然圖鑑：□植物 □哺乳類 □魚類 　□鳥類 □蝴蝶 □昆蟲 □爬蟲類 □其他＿＿＿＿＿
飼養＆觀察：□植物 □哺乳類 □魚類 □鳥類 □蝴蝶 □昆蟲 □爬蟲類 □其他＿＿＿＿＿
台灣地圖：□自然 □昆蟲 □兩棲動物 □地形 □人文 □其他＿＿＿＿＿
自然公園：□自然文學 □環境關懷 □環境議題 □自然觀點 □人物傳記 □其他＿＿＿＿＿
生態館：□植物生態 □動物生態 □生態攝影 □地形景觀 □其他＿＿＿＿＿
台灣原住民文學：□史地 □傳記 □宗教祭典 □文化 □傳說 □音樂 □其他＿＿＿＿＿
自然生活家：□自然風 DIY 手作 □登山 □園藝 □觀星 □其他＿＿＿＿＿

· 除上述系列外，您還希望編輯們規畫哪些和自然人文題材有關的書籍呢？＿＿＿＿＿＿＿

· 您最常到哪個通路購買書籍呢？□博客來 □誠品書店 □金石堂 □其他＿＿＿＿＿

很高興您選擇了晨星出版社，陪伴您一同享受閱讀及學習的樂趣。只要您將此回函郵寄回本社，
我們將不定期提供最新的出版及優惠訊息給您，謝謝！

若行有餘力，也請不吝賜教，好讓我們可以出版更多更好的書！

· 其他意見：＿＿＿＿＿＿＿＿＿＿＿＿＿＿＿＿＿＿＿＿＿＿＿＿＿＿＿＿

晨星出版有限公司 編輯群，感謝您！

晨星出版有限公司　收

地址：407 台中市工業區 30 路 1 號
贈書洽詢專線：04-23595820*112　**傳真：**04-23550581

請填妥後對折裝訂，直接投郵即可，免貼郵票。